数式がなくてもわかる！
Rでできる因子分析

松尾 太加志

北大路書房

　本書は，以下のような，因子分析を学んでみたい方，あるいは，これからR を勉強してみようという方を主な読者として想定しています。

- 因子分析をはじめて勉強する方
- R を使ってみたい方
- なんとなく因子分析はわかったけれど，より実践的に知りたい方

　因子分析は理解をするのが難しい分析手法だといわれています。そこで因子分析をわかりやすく解説しようと思い，2002 年に『誰も教えてくれなかった因子分析』（北大路書房）という書籍を中村知靖先生との共著で出版させていただきました。数式を絶対に使わないと豪語して説明した本であり，おかげさまで多くの方に読んでいただきました。本書とあわせてお読みいただくと，より理解が深まると思います。

ソフトウェア環境の変化

　前著から約 20 年たちました。因子分析そのものの手法などが大きく変わったわけではありませんが，利用するソフトウェア環境が変わってきました。

　当時は，SAS や SPSS といった市販の統計ソフトを使うことが主流でした。前著では，この 2 つのソフトウェアを利用した場合の説明をしていました。今でもこれらのソフトウェアは多く利用され，研究論文などでは SPSS や SAS を利用したという記述が多く見られます。2 つともすぐれたソフトウェアであり使用する価値は十分にありますが，統計ソフトは一般に高価であり，これら 2 つのソフトウェアも決して安価ではありません。

フリーソフトウェア R の普及

　最近，利用が広まっているのがフリーの統計ソフトの R です。近年，データサイエンスが広がりを見せ，統計データを使って意思決定や課題解決を行う企業も少なくありません。今や，データサイエンスにおいてはプログラミング言語の Python と並んで R は事実上のスタンダードとなっています。

　また，研究に携わる人，特に大学院生など研究費が十分でない研究者にとっ

ても，フリーのソフトウェアはありがたいものです。さらにマルチプラットフォームのソフトウェアであり，Linux，Mac，Windows のどの OS でも利用できることが普及にもつながっているのでしょう。

R はハードルが高い？

ただし，R を使うには大きな壁があると思われています。それは R が基本的にコマンドベースで利用するソフトウェアであるからです。コマンドベースというのは，実行したい分析を「fa(file.data, nfactors=3, rotate="varimax")」といった形で文字列を入力して操作していく環境です。

今のコンピュータ利用環境は，マウスなどのポインティングデバイスを利用し，メニューで必要な項目を設定するなどの GUI（グラフィカルユーザーインターフェース）が主流です。コンピュータに知識がない人でも容易に利用できる環境となっています。このような環境に慣れてしまったユーザーにとってコマンドベースは大きなハードルになるかもしれません。コマンドの名称や文字列の並びなどのルールがわかっていなければなりませんし，スペルを間違ってしまうとエラーになってしまいます。そのため，R の利用に二の足を踏んでいる方もおられるかもしれません。

因子分析は R を使うのが便利

実は因子分析を行うのに R は適しているのです。通常の分析は，パラメータ（設定値）などを設定すれば 1 回で分析は終わるのですが，因子分析はパラメータを変えて試行錯誤に分析を繰り返さなければならないことがよくあるからです。そのパラメータを変えるのに GUI だといちいちメニューから設定し直すという作業になり，これを何回も繰り返すとかなり面倒になってきます。

コマンドベースであれば，カーソルキーをうまく利用して簡単にできるのです。R には，ヒストリー機能というものがあり，一度入力した文字列をカーソルキーで簡単に呼び出し，必要なところ（パラメータのキーワードや数値）だけを書き換えてすぐに実行できるからです。言葉で説明しただけでは，そのメリットが実感できないと思いますが，実際に使ってみると，その便利さからもう GUI のソフトに戻れなくなってしまいます。

それでも不安に思われる方もおられるでしょう。しかし，よほど難しい使い方さえしなければ，恐れることはないでしょう。決まったコマンドを入力するだけですので，一度手順をメモしておけば，そのメモ通りにやればすむのでそれほど難しくありません。

R だからできる分析・処理

Rの強みは，豊富なパッケージにあります。オープンソースであるため，さまざまな分析の関数が開発されており，それらがパッケージとして提供されています。そのために市販のソフトウェアでは利用できない分析を行うこともできます。これは非常に大きな強みです。因子分析の場合，Rでないとできない分析処理もあります。

一方，コマンドベースであれば，因子分析のパス図などグラフィカルな表示ができないのではないかと思う方もおられるかもしれませんが，実は，グラフィカルな表示もRでは市販のソフトウェアに遜色ありませんし（それ以上といってもいいかもしれません），使い勝手もすぐれています。

コマンドベースであるから，処理の記録や出力結果を簡単に保存できるのも強みです。Rにも，最近はRコマンダーといわれるGUIのソフトウェアもありますが，機能が限定されていますので，ここは頑張ってコマンドベースでRを利用してほしいと思います。

実践的な使い方の説明を

本書は因子分析についての基本的な考え方に加えて，実際に分析をする場合の実践的なポイントも説明するようにしました。因子分析は，先に述べましたように，試行錯誤に分析を行っていかなければなりません。利用する変数，因子の数，抽出法，回転などをいろいろ変えていかなければなりません。因子数の決め方の基準，抽出法の種類，回転の種類などについては，どの書籍でもしっかりと説明はなされているのですが，実際にどうやって決めればよいのかがわからないことが多いのです。これらは試行錯誤に行うしかないのですが，本書では実際にどうやって行うのかについて説明していきたいと思っています。

2021 年 8 月　　松尾 太加志

因子分析とは？

　因子分析は，調査や実験などを行って得られたデータ（の変数）に共通する因子（要因）を見つけるための分析です。「共通する」ということがキーワードとして重要で，共通していない場合は因子分析をする必要はありません。

　もうひとつのポイントは，その因子（要因）を直接観察できないということです。知りたい因子（要因）から直接データを得ることができないので，「潜在している」という言い方をします。直接，その要因のデータを得ることができるのであれば，因子分析をする必要はありません。

　そのため，因子分析は「潜在共通因子」を調べる分析だということになります。因子分析は，観察できない潜在的な因子（要因）を見つけ出す分析です。ここでは，まず，因子分析の基本的な考え方を理解してもらうために，具体例を示しながら説明していきます。

1.1　潜在共通因子とは？

　潜在共通因子の考え方を理解してもらうために，次のようなことを考えてみましょう。医療に関わることですが，考えやすく話を進めますので，厳密さはご容赦ください。

症状から要因を探る

　たとえば，息切れが生じたとき，心臓の何らかの疾患が要因ではないかと推

測されます。ここで，心臓の疾患というのは直接観察できない要因であり，それが息切れという観察できる症状を引き起こしている（影響を与えている）と考えられます。

しかし，息切れは心疾患だけから生じるわけではなく肺の疾患によっても生じることが考えられます。このように，観察できる症状に影響を及ぼす要因がひとつではなく複数存在していることがあります（図1-1）。そのため，息切れというひとつの症状だけを観察しても，そこから正しい要因を探ることはできません。

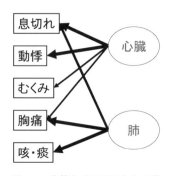

図1-1　症状とその要因となる臓器との関係

心疾患という要因の存在を確定するには，他の症状も観察する必要があります。息切れがあった場合，動悸も生じることがあり，息切れと動悸が同時に生じているのであれば，これは肺の疾患ではなく心疾患であると考えられます。このように観察できる複数の症状に共通の因子，この場合は心臓の疾患という要因が存在していることがわかります。

因子分析で重要なことは，繰り返しになりますが，観察できない潜在的な因子を見つけ出すことです。直接観察できるのであれば，因子分析を行う必要はありません。たとえば，ここで例に出した心疾患の場合，心電図を見れば不整脈があるといったことが今の技術では直接わかります。このような場合，わざわざ因子分析を行う必要はないかもしれません。ただし，それも自覚症状として動悸や息切れがあったからこそ，心疾患の疑いがあり，心電図をとって不整脈がわかるというもので，動悸や息切れといった症状から共通因子を推測したことに意味があります。

ここで例示した疾患はわかりやすい例として示しただけで，実際は因子分析が使われることはないでしょう。多くの場合，主として人間の特性，好み，志向，能力など直接観察できない要因を探るのに使われています。

表 1-1　5つの教科の相関（架空のデータに基づく）

	国語	社会	英語	数学	理科
国語	1				
社会	.420	1			
英語	.402	.200	1		
数学	.260	.247	.229	1	
理科	.317	.237	.217	.630	1

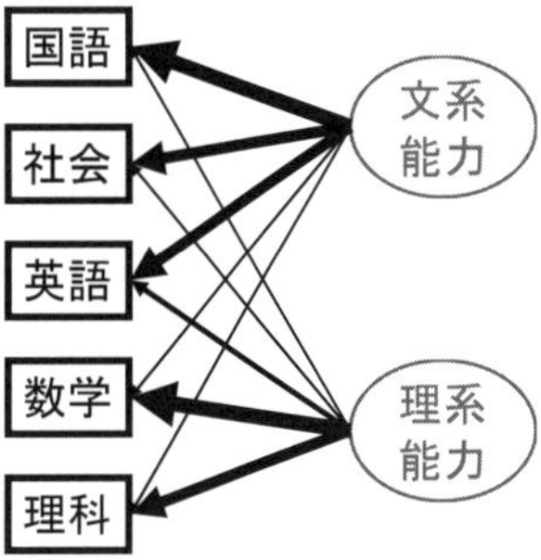

図 1-2　文系能力，理系能力と教科の成績との関係のイメージ図

5 教科の点数から文系能力・理系能力を探る

　別の例で考えてみましょう。5つの教科の点数を見たとき，国語の点数が高い人は社会の点数が高かったり，数学の点数が高い人は理科の点数が高かったり，ある共通した特徴が見られ，科目間の相関が高くなっています（表 1-1）。

　ここで，あらかじめお断りしておきますが，このデータは架空のもので，実際にここで示すような関係が事実としてあるわけではありません。

　ここでは相関係数という数値を用いて相関関係を示しています。相関係数は＋1〜－1までの値をとり，0が相関がなく，値が＋1または－1に近づくにつれ相関が高くなります。値がプラスの場合，2つの値がともに大きくなったりともに小さくなったりすることを示しています。数学と理科の相関係数が .630 とこの中で比較的高い値を示しており，数学の点数が高ければ理科の点数も高くなる関係にあることがわかります。この表の中では，マイナスの相関を示しているものはありませんが，一方が大きくなればもう一方が小さくなるという関係にある場合，相関係数はマイナスの高い値を示すことになります。

　話が相関係数の説明にそれましたが，改めて表 1-1 を見ると，国語と社会の相関，数学と理科の相関が比較的高いことがわかります。これは，国語や社会に共通する文系の能力の高低，あるいは，数学や理科に共通する理系能力の高低が原因として考えられるからです（図 1-2）。

　共通した特徴をもっているのは，ある共通した何らかの原因が潜在的に存在しているからだと考えられます。その共通した原因が共通因子です。ここでは，文系能力や理系能力が潜在的な共通因子です。共通因子は潜在的な存在ですか

ら，文系能力や理系能力は直接測定することができません。見ることができるのは各教科の点数です。

　データとしてとることができるものを**観測変数**といいます。体の症状やテストの点数が観測変数です。観測変数に共通した特徴が見られるときに，その特徴を引き起こしている潜在的な因子が存在していると考えるのです。それを**潜在共通因子**あるいは略して**共通因子**といいます。ここで示した例では臓器や文系能力・理系能力が共通因子にあたります。

1.2　因子負荷量とは何か？

　因子分析は，共通因子と観測変数がどのような関係にあるかを探る分析です。その関係性を数値で示します。それが**因子負荷量**といわれるものです。言い換えると，観測変数がどの程度共通因子の影響を受けているのか，影響の強さを示すのが因子負荷量です。ただし，観測できる現象は，あるひとつの共通因子だけで引き起こされているわけではありません。たとえば，理科のテストの点数は，その人のもっている理系能力だけで決まるわけではありません。理科の問題を解くには文章を読む力も必要ですから，文系能力もある程度必要です。そこで，因子負荷量は特定の観測変数と特定の共通因子の関係だけではなく，すべての観測変数と共通因子との間で算出されます（表 1-2，図 1-3）。

　因子負荷量の値も相関係数と同様，原則的に＋1〜−1 の値をとります。そしてプラスの値であれば，因子の影響が強くなるほど観測変数の値が大きくなり，マイナスであれば因子の影響が強くなるほど観測変数の値が小さくなるこ

表 1-2　5 つの教科の 2 つの共通因子の因子負荷量（架空のデータに基づく）

	因子 1 文系能力因子	因子 2 理系能力因子
国語	0.963	0.106
社会	0.414	0.197
英語	0.397	0.178
数学	0.171	0.896
理科	0.257	0.655

因子負荷量　　　　　　共通因子

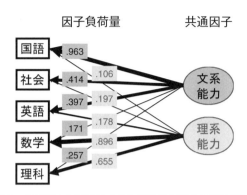

図 1-3　文系能力，理系能力と教科の成績との関係を因子負荷量で表したもの

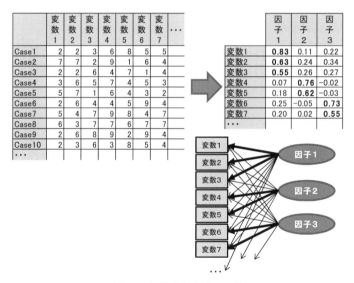

図 1-4　因子分析のイメージ

左のマトリックスのデータから右のような因子負荷量を算出する。

とになります。

　表 1-2，図 1-3 を見ると，文系能力因子が国語，社会，英語に大きな影響を与え，理系能力因子が数学や理科に大きな影響を与えているのがわかります。

　因子分析を行うというのは，共通因子から観測変数がどの程度影響を受けて

いるかを調べることです。つまり，この因子負荷量を計算することが因子分析です。因子分析のイメージを図 1-4 に示しました。左のようなマトリックスのデータから右のような因子負荷量が計算されます。ただし，あとでも述べますが，因子分析でやってくれることは因子負荷量の計算だけで，因子がどのような内容であるのかは分析者が判断するしかありません。

1.3　どのようなときに使うか？

　因子分析は基本的に共通因子を探る分析です。それを使う場面は，大きく次の 2 つに分けることができます。

- どのような共通因子があるのかわからない場合
  共通因子としてどのような因子があるかを知りたい場合です。たとえば，先ほどの心臓疾患の例の場合，表に見えてくる症状から，それを引き起こしている原因となっている共通因子を探るというケースです。あるいは，顧客の購買データがあったときに，どのような購買動機が働いているのかを知りたいといった場合に使えるでしょう。

- 共通因子を間接的に測定したい場合
  共通因子は潜在因子ですので，直接測定することはできません。たとえば，文系能力因子や理系能力因子は直接わかりません。テストの点数で知ることはできますが，どのようなテストで知ることができるのかが問題となります。あるテストを実施し因子分析を行ったとき，テストの各点数とそれぞれの能力因子との因子負荷量の値が手がかりとなります。ある因子との因子負荷量が高い観測変数（テストの項目）があれば，その観測変数でその因子について測定できているということになります。
  また，質問紙を作成する場合，たとえば調べたい心理的特性をどのような質問項目でとらえるのかが問題になりますが，作成した質問項目が想定している心理的特性を調べることになっているかどうか，因子分析を行い因子負荷量の値で検討することができます。

いずれにしても，共通因子は潜在的に存在しているものですから，見ることができません。その見えない共通因子を知りたい場合に利用できる分析ツールが因子分析です。

1.4　因子分析に必要な知識・スキルは？

因子分析を行う場合にどのような知識・スキルが必要なのでしょうか。必要なのは，以下の2つが考えられます。

- ツールとしての因子分析の使い方の知識・スキル
- 因子分析を行いたい対象についての専門的知識・分析スキル

因子分析を行うには，まずツールとしての因子分析の考え方を理解しておく必要があります。ここでは，数学的な知識が求められるのではなく，基本的な考え方と分析のやり方のスキルが必要となります。その知識は本書の中で理解できる知識です。

必要なのはそれだけではなく，因子分析を行おうとする対象についての専門的知識も要求されます。これは因子分析の場合だけの話ではなく，何らかの分析をする場合には必要なものです。しかし，因子分析の場合他の統計分析とは事情が異なります。因子分析では，因子負荷量が算出されるだけで，各因子がどのような内容を表しているかまで分析されるわけではありません。各因子がどのような意味をもつのかは，因子負荷量の数値を見て，分析者が考えなければならないのです。そのときには数学的な知識は役に立ちません。必要なのはその分野に関する専門的知識です。

たとえば，ある症状からその原因となっている疾患を探るには医学的な知識が必要とされます。顧客の購買項目とある共通因子の関係を見るときには，消費者心理やマーケティングの知識が必要でしょう。どのテストが文系能力や理系能力の影響を受けるかは各教科に関する知識が必要となります。

後述しますが，因子分析は答えがひとつだけ出てくるものではありません。手法の選択によっていろいろな答えが出ます。どの答えが適切なのかは結果の解

釈に依存します。結果の解釈によって分析手法を再検討したり，逆に，分析手法をうまく選択することによって結果の解釈がやりやすくなったりするのです。因子分析においては因子の解釈がきわめて重要で，ツールの適切な利用に関する知識・スキルと結果の解釈に必要な当該領域の専門知識が車の両輪とならなければなりません。

R で因子分析を体験

　ここで，R でどのようにして因子分析を行うかをイメージしてもらうために，先ほどの 5 教科のデータを使って因子分析を行ってみましょう。ここでは Windows 版の R を使っての説明になります。なお，出力結果（表示内容や数値）は PC の環境，R プログラムやライブラリのバージョンの違いによって多少異なることをご容赦ください。

2.1　R を使う準備

　R を使う場合，R プログラムをインストールするなどの準備をしなければなりません。すでに R をある程度使っている方は読み飛ばしてもかまいません。
　実際に R を使えるようにするには，R プログラムをインストールしただけでは十分ではなく，パッケージも読み込む必要があります。そのため，次のような手順の準備が必要となります。

1. R プログラムのインストール
2. R プログラムの起動
3. パッケージのダウンロード
4. パッケージの読み込み（R の起動のたびに）

2.1.1 Rプログラムのインストール

　Rのプログラムは，インターネット上の CRAN（The Comprehensive R Archive Network）というサイト（https://cran.r-project.org/）からダウンロードします（図2-1）。「CRAN」と検索すれば CRAN サイトが出てくると思います。OS に合ったファイルをダウンロードしてください。Windows 版であれば，「R-4.0.3-win.exe」といったファイルをダウンロードし，実行することになります。あとは，指示に従えば，インストールが可能です。特別なオプションの指定なども必要ありません。

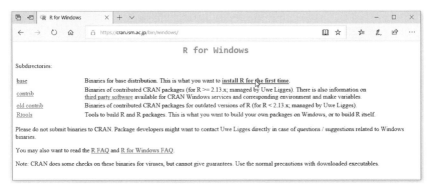

図 2-1　CRANのサイトのWindows用のRプログラムのインストーラの選択画面

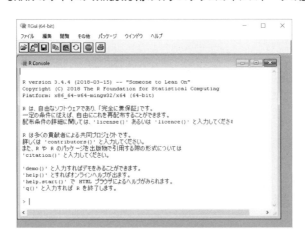

図 2-2　Rの起動画面

Rのプログラムを起動[1]すると，図2-2のような画面になります。この画面をコンソール画面といいます。'>'のプロンプトに続けて，コマンド（文字列）をキーボードから入力していくことになります。起動すればすぐ使えるのですが，その前に必要なパッケージの読み込みが必要になります。

2.1.2 パッケージのダウンロードと読み込み

Rは実に多様な分析ができます。分析を行ってくれる関数はパッケージ化されており，パッケージを読み込まないと利用できません。基本的なパッケージ[2]は，Rを起動すれば自動的に読み込んでくれますが，因子分析などを行うには，インターネット上で配布されているパッケージを自分で読み込まなければなりません。

読み込みの手順は，まず，世界中にあるRのパッケージを配布してくれるミラーサイトを選び（手順1），自分のコンピュータにダウンロード（手順2）したあとに，Rのプログラムに読み込むという手順（手順3）が必要です（図2-3）。

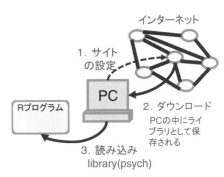

図2-3　パッケージのダウンロードと読み込み

1. ミラーサイトの設定　「パッケージ」メニューから「CRANミラーサイトの設定」を選択。一覧の中から「Japan（Tokyo）」を選択。

2. パッケージのダウンロード　「パッケージ」メニューから「パッケージのダウンロード」を選択。一覧から必要なパッケージを選択。

3. パッケージの読み込み　library関数を使ってRプログラムに読み込む。

最初の2つの手順は，原則的に一度やっておけば大丈夫です。3番目の手順

---

1) Rの起動は，たとえばWindowsではスタートメニューから起動するなど，一般のアプリケーションと同じやり方です。
2) 7つの基本的なパッケージが読み込まれます。

は，R を起動するたびに行う必要があります[3]。

　因子分析に必要なパッケージは，心理学でよく使われる統計解析が収められたパッケージ psych と因子軸の回転に使われるパッケージ GPArotation です。

　1，2 の操作はマウスでメニューから選んで操作できますが，3 の操作は，次のようにキーボードからコマンドを入力していきます。# 以下は説明部分（網かけ）で，実際に入力するのはプロンプト（>）と # の間の文字列です。

```
パッケージの読み込み
> library(psych)          # パッケージ psych を読み込む
> library(GPArotation)    # パッケージ GPArotation を読み込む
```

　ライブラリからパッケージを正常に読み込めれば，画面は何も変わりません。うまくいかなかった場合はエラーメッセージが出ます。エラーが出なければ正常に読み込まれたことになります。

2.2　因子分析の実行

　ここで，因子分析を行う準備は整いましたので，実際に因子分析を行ってみましょう。データが必要となりますが，5 教科のデータは CSV ファイル[4]として，筆者のウェブサイト（「参考資料」を参照）にアップしていますので，それを読み込ませて実行することにします。

　このデータファイルの中身は，以下のように 5 教科の点数が収められていて，263 人分のデータがあります。

国語	社会	英語	数学	理科	
67	51	62	50	64	
46	58	71	70	55	
39	41	41	59	61	263人
...					
55	54	76	40	41	

3）いつも決まったパッケージを利用するのであれば，.Rprofile というファイルに起動時に行う操作を記述しておけば，自動で読み込んでくれます。

4）Excel などで入力でき，カンマ区切りのデータとして保存されたファイル。

プロンプト（>）に続けて，以下のように入力してみてください。

```
【実行例 2-1】5 つの教科の因子分析

> five.data <- read.csv("http://mlab.arrow.jp/r_factor/five_subject.csv")
    #CSV ファイルの読み込み．ネット上の five_subject.csv ファイルを指定
    #five.data という名称のオブジェクトに読み込む

> fa(five.data, nfactors=2, rotate="varimax")
    # 関数 fa で因子分析を実行．因子数 2，抽出は最小残差法，バリマックス回転

Factor Analysis using method =  minres
Call: fa(r = five.data, nfactors = 2, rotate = "varimax")
Standardized loadings (pattern matrix) based upon correlation matrix
      MR1  MR2   h2    u2    com
国語  0.96 0.11 0.94 0.061 1.0
社会  0.41 0.20 0.21 0.789 1.4
英語  0.40 0.18 0.19 0.810 1.4
数学  0.17 0.90 0.83 0.168 1.1
理科  0.26 0.65 0.49 0.505 1.3
…（以下略）
```

このようにわずか 2 行で因子分析は実行できます。最初の 1 行はファイルを読み込む関数（read.csv）を使ったコマンドで，もうひとつは因子分析を実行する関数（fa）を使ったコマンドです。その結果，画面出力された以下の数字が因子負荷量です。実際の出力はもっと長いのですが，ここでは因子負荷量が出力されることだけが確認できればよいので，そのあとの出力は省略しました。

ここでは因子数を 2 と指定しましたので，因子負荷量は各変数について 2 つずつ出力されています。その部分だけ下に抜き出してみました。MR1, MR2 というのが 2 つの因子（第 1 因子，第 2 因子）を表しています。「MR」というのは，ここで使われた因子抽出法の最小残差法（Minimum Residual）の略号です。どのような因子抽出法を使うかによって変わってきます。

	MR1	MR2
国語	0.96	0.11
社会	0.41	0.20
英語	0.40	0.18
数学	0.17	0.90
理科	0.26	0.65

表 1-2 で示されたものと同じなのですが，ここでの出力は小数点以下 2 桁になっていますので[5]，若干数値が異なっています。

2.2.1　因子分析実行に必要な入力コマンド

入力した 2 行を簡単に解説しておきます。

```
five.data <- read.csv("http://mlab.arrow.jp/r_factor/five_subject.csv")
```

read.csv というのは，CSV 形式のファイルを読み込む関数で，カッコ内にファイルの名称を書くだけです。データファイルは，インターネットから読み込む形にしましたので長くなっているだけで，書式は単純です。read.csv の前に"five.data <-"とあるのは，読み込んだデータを five.data というオブジェクトに入れるということです。'<-' は矢印だと思ってください。

次にその five.data を使って因子分析を行っています。因子分析の関数名が fa で，カッコ内に 3 つの設定値を指定しています。

```
fa(five.data, nfactors=2, rotate="varimax")
```

関数の中に並べる設定値(パラメータ)は引数といわれます。引数はキーワードのあとに = をつけ，指定したい内容を記述します。ここで指定した引数は次のような意味をもっています。

引数	指定の例	
データ	r=five.data	データはキーワード（r=）省略可
因子の数	nfactors=2	因子数 2 と指定
因子抽出法	fm="minres"	最小残差法の指定（デフォルトが minres なので，今回は指定していない）
回転の方法	rotate="varimax"	バリマックス回転を指定

---

[5]　小数の出力桁数の指定は可能です。

引数はカンマ（,）で区切ります。引数で指定しなかった場合は，あらかじめ決められた設定値（デフォルト）が指定されたものとみなされます。引数の指定の順番は決まっていません。引数のキーワードで設定するため，順序は規定されないのです。この設定では因子抽出法を指定していませんが，因子抽出法のデフォルトが最小残差法となっていますので，最小残差法で行っています。出力の最初の行に "Factor Analysis using method = minres" と書かれているのが最小残差法で行ったことを示しています。

2.2.2　パス図の作成

Rの便利な機能を試してみたいので，Rを用いて図 1-3 と同じような図を描いてみましょう。このような図を**パス図**といいます。

【実行例 2-2】因子分析の結果をパス図で表示

```
> five.result <- fa(five.data, nfactors=2, rotate="varimax")
  # 因子分析の結果を five.result というオブジェクトに代入. 何も出力はされない
> fa.diagram(five.result, cut=0, simple=FALSE, sort=FALSE, digits=3)
  #five.result を用いて図を描く
```

ヒストリー機能の活用

ここで，改めて因子分析を行うわけですが，最初に入力した内容と同じような内容を入力しないといけません。そのとき威力を発揮するのがヒストリー機能です。一度入力した内容を呼び出して，変更部分だけを修正することができます。次のような手順になります。

- 以前入力した内容を呼び出す。↑キーを押す（↑↓で目的の入力内容を呼び出し）。
- ←，→，DEL，BS キーなどを使い変更箇所を修正。
- 変更後 Enter キーを押す。

具体的には次のようにしていけばよいでしょう。

> ↑ 　前の入力を呼び出す

> fa(five.data, nfactors=2, rotate="varimax")　カーソルを先頭に移動し，

> f fa(five.data, nfactors=2, rotate="varimax")　追加文字を入力していく

> fi fa(five.data, nfactors=2, rotate="varimax")

> fiv fa(five.data, nfactors=2, rotate="varimax")

> five fa(five.data, nfactors=2, rotate="varimax")

...

> five.result <- fa(five.data, nfactors=2, rotate="varimax")

　こうすれば，改めて fa(five.data, nfactors=2, rotate="varimax") の部分は入力する必要はありません。ヒストリー機能は入力間違いの場合にも重宝します。入力した内容に誤りがあるとエラーメッセージが出て分析がなされません。このようなとき，一から入力し直すのではなく，↑キーで前の入力内容を呼び出し間違った部分だけを修正すればよいのです。

　入力コマンドの説明をします。今度は，図を描くために，因子分析の結果を一旦 five.result というオブジェクトに代入しました。そして，その five.result を使って，fa.diagram という関数を用いて図を描いています（図 2-4）。five.result には，実行例 2-1 の内容が収められるのですが，その中の因子負荷量の値を抽出して図を描いてくれるのです。簡単に引数の説明をしておきます。

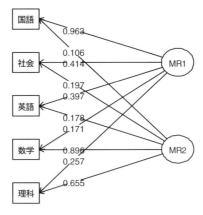

図 2-4　R で描いた変数と因子負荷量の関係図（パス図）

引数	指定の例	
データ	five.result	因子分析などの結果のオブジェクトを指定
値の小さい負荷量の非表示	cut=0	ある値以下の負荷量を非表示（ここでは 0 を指定してすべての表示を指定）
負荷量最大値だけの簡略表示	simple=FALSE	簡略表示をしない（すべての負荷量表示）
変数の順番	sort=FALSE	並べ替えをせず元の変数の順番で表示
表示桁数	digits=3	3 桁を指定

ここでは引数をたくさん指定していますが，これは図 1-3 と同じ図を描くために，指定する項目が多くなっただけです。fa（five.result）とデータだけを指定しても描けます。むしろ，実践的にはこちらのほうがいいでしょう。特徴となる部分だけをしぼって表示してくれますので，関係性を一目で把握可能です。実際にやってみてください。

2.2.3　表示桁の指定

ここで指定した digits=3 という引数が，表示する有効桁数を指定するものでした。これを使うと，最初の因子負荷量の表示に小数点以下 3 桁表示ができるのです。実際にやってみましょう。因子負荷量の値が表 1-2 と同じになっていることが確認できます。

【実行例 2-3】因子負荷量を 3 桁で表示

```
> five.result <- fa(five.data, nfactors=2, rotate="varimax")
  #先ほどすでに実行しているので，実際は実行しなくてよい
> print(five.result, digits=3)
  #オブジェクトで指定したものを出力．表示桁を 3 桁に指定
Factor Analysis using method =  minres
Call: fa(r = five.data, nfactors = 2, rotate = "varimax")
Standardized loadings (pattern matrix) based upon correlation matrix
      MR1   MR2    h2     u2   com
国語 0.963 0.106 0.939 0.0614 1.02
社会 0.414 0.197 0.211 0.7894 1.43
英語 0.397 0.178 0.190 0.8103 1.39
数学 0.171 0.896 0.832 0.1680 1.07
理科 0.257 0.655 0.495 0.5054 1.30
…（以下略）
```

2.2.4　基本統計量やヒストグラムの表示

　Rでは，「こんなことはできないのかな」と思ったことがほとんど実現できます。Rの便利さを知るために，次のようなことをやってみましょう。

```
┌─【実行例 2-4】基本的な統計分析 ─────────────────────
│
│ > cor(five.data)
│     # 相関係数を出力
│           国語        社会        英語        数学        理科
│ 国語 1.0000000 0.4196431 0.4017573 0.2596599 0.3168844
│ 社会 0.4196431 1.0000000 0.1999055 0.2466170 0.2371480
│ 英語 0.4017573 0.1999055 1.0000000 0.2291707 0.2171796
│ 数学 0.2596599 0.2466170 0.2291707 1.0000000 0.6304982
│ 理科 0.3168844 0.2371480 0.2171796 0.6304982 1.0000000
│ > describe(five.data)
│     # 基本統計量を出力．関数 describe は psych ライブラリに所収
│      vars   n  mean    sd median trimmed   mad min max range  skew kurtosis   se
│ 国語    1 263 60.29 11.72     61   60.34 11.86  29  90    61 -0.07    -0.30 0.72
│ 社会    2 263 64.58 14.81     64   64.49 16.31  33  99    66  0.07    -0.66 0.91
│ 英語    3 263 59.87 18.84     61   60.56 22.24  15  98    83 -0.27    -0.74 1.16
│ 数学    4 263 50.83 23.18     50   50.60 20.76   0 100   100  0.09    -0.46 1.43
│ 理科    5 263 49.75 20.64     50   49.82 20.76   1 100    99 -0.03    -0.31 1.27
│
│ > pairs.panels(five.data, digits=3)
│     # ヒストグラムや散布図を出力．相関係数を 3 桁表示に指定
└──────────────────────────────────────────────
```

　このように相関係数や平均（mean），標準偏差（sd）などが簡単に出力できます。ここで用いた describe 関数は psych ライブラリに入っているもので，基本統計量は summary 関数を使うことが多いのですが，summary には標準偏差が出力されないので，ここでは describe を使いました。

　また，pairs.panels というのはヒストグラムや散布図行列を出力するもので，図 2-5 のような図を描けます（単なる pairs という関数もありますが，こちらは散布図だけしか出力しません。pairs.panels は psych ライブラリに入っているもので，ヒストグラムも表示してくれます）。対角上にヒストグラム，その対角の左下側に散布図，右上側には相関係数の値が表示されています。

　ここでのデータは 5 つの教科の間に互いに正の相関があることがわかります。図 2-5 を見ると数学と理科の関係が他の散布図に比べ左下から右上の対角上に分布しており，相関が高いことがよくわかりますし，相関係数の値も「0.630」と高くなっています。

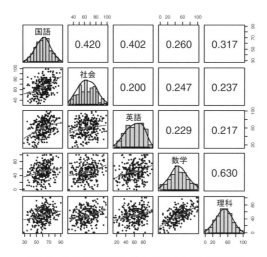

図2-5 5つの教科のヒストグラムと散布図行列

　ここではすべての変数の散布図を描きましたが，変数が多い場合でも変数を選択して描くことができます（たとえば，pairs.panels(five.data[c("国語","数学")])とすれば，国語と数学だけの図を描けます）。このような図が簡単に描けるのもRのメリットです。

R の基本的な使い方

　ここではとりあえず R を使う場合に知っておくとよいと思われることに簡単にふれておきます。R を使う上での便利な点や注意すべき点は付録にまとめましたので，そちらを見てください。本書で R の使い方や機能をすべて説明はできませんので，くわしくは R について書かれた書籍やインターネット上の情報を参考にしてください。

3.1　コマンド入力

　R は基本的にキーボードから文字を入力していきます。プロンプト'>'のあとに入力していき，最後に Enter キーを押すと入力完了ですが，コマンドが長い場合複数行にわたって入力することができます。

　途中で Enter キーを押すとプロンプトが'+'と次の行に表示され，入力を促されます。ただし，Enter キーを押した段階での入力内容が文法的に完結していれば入力が完結したと判断され，エラーになったり意図しない結果が出力されたりすることがありますので，注意が必要です。閉じカッコを忘れた場合など，意図せず複数行の入力になってしまうことがあります。複数行入力を途中でやめたい場合は，ESC キーを押してください。

　また，ヒストリー機能を使う場合，入力した行単位で管理されますので，複数行入力した場合はヒストリー機能はかえって面倒になることが多いようです。

複数行の入力

```
> fa.result <-
+ fa(five.data,
+ nfactors=2,
+ rotate="varimax")
>
```

3.2 式, 関数, オブジェクト

　Rでは, 式や関数を直接入力することができます. さまざまな関数が開発され, 因子分析を含め複雑な統計計算が関数を指定するだけで可能になっています.

式や関数の利用

```
> 5 + 1 / 2     #式もそのまま書ける
[1] 5.5
> cos(pi)      #関数を書く. ここではコサイン関数. 定数πも定義ずみ
[1] -1
> log(256, base=2)     #関数の引数は, カンマ (,) で区切る
[1] 8
> print(4/3, digits=7)     #計算以外の操作も基本は関数
[1] 1.333333
```

　Rは基本的に関数から成り立っていると考えるとよいでしょう. 書式は, 関数名を書き, () の中に引数を書き並べるという形です. 引数は関数によって決められており, 複数指定する場合はカンマ (,) で区切ります. 引数は値 (ファイルなども含みます) をただ指定する場合と, 引数名 (キーワード) を指定する場合があります. 中には引数を何も指定しない関数もあります.

mean(data1)	引数に値を指定	データ列 data1 の平均値を算出
head(df2, n=10)	値と引数名での指定	データフレーム df2 の最初の 10 個のデータを表示
quit()	引数なし	R プログラムを終了する

　Rでは, オブジェクトの概念が大事です. データはオブジェクトに入れられ,

そのオブジェクトを関数の引数として使い，さまざまな統計計算ができます。統計計算の結果もオブジェクトに入れることができ，それをグラフィック表示のために使ったりします。

　オブジェクトを作る場合，オブジェクト名を左辺に書き，'<-' ではさみ，右辺にデータ，計算式，関数での分析などを指定すれば，これらの結果が指定したオブジェクトに代入されます。

オブジェクトのとらえ方

```
> d1 <- c(3,5,2,8,10,7,4)
    # データ列をオブジェクト d1 に入れる．7 個のデータ列
    # オブジェクト名は自由に決める．'<-' が代入の意味
> toukei <- summary(d1)    # 基本統計の計算をし，それをオブジェクト toukei に
> toukei    # オブジェクトを表示
   Min. 1st Qu.  Median  Mean 3rd Qu.   Max.
  2.000   3.500   5.000 5.571   7.500 10.000
> print(toukei, digits=3)    # オブジェクト toukei を print 関数を使って有効桁 3 桁で
   Min. 1st Qu.  Median  Mean 3rd Qu.   Max.
   2.00    3.50    5.00  5.57    7.50  10.00
> d1 + 4   # すべての要素に 4 を加える．このような処理も可能
[1]  7  9  6 12 14 11 8
> d1 <- " 国語 "
    # 既存のオブジェクトがあれば上書き．警告は出ないので注意が必要
> d1
[1] " 国語 "
```

　オブジェクトの名称は英文字で始まるものであれば自由につけることができますが，すでに存在するオブジェクト名を使っても警告などはなく上書きされてしまいますので，注意が必要です。

　また，R の場合，どのようなものもオブジェクトになりますので，名称をつけるときに自分なりのルールを決めておくとよいでしょう。たとえば，データの場合は chosa.data，分析結果は chosa.result といったように，名称の末にピリオドをつけてその中身がわかるように決めておくとよいでしょう。ファイル名称での拡張子に相当するようなものを自分でルール化しておくのです。

3.3 データの読み込みと書き込み

　統計分析を行う場合，データを読み込むことから始まります。他のアプリケーションソフトの場合，「ファイル」メニューを選択し，パソコン内にあるフォルダから探していくことが可能ですが，R の場合，どのフォルダ内のどのファイルであるのかをコマンドで指定しないといけません。

　因子分析を行う場合，とりあえず CSV 形式のファイルの読み書きができればよいでしょう。read.csv 関数で読み込むファイルを引数で指定し，代入するオブジェクトを '<-' で指定します。読み込むとデータフレームの形式で代入されます。データフレームとは行と列からなるデータだと考えてください。Excel のワークシートのようなものだと考えてよいと思います。

　データを書き出す場合も，データフレームであれば CSV ファイルに書き出すことができます。write.csv 関数を使います。

　フォルダ等を指定せずファイル名だけ指定すると，その読み書きは R プログラムで設定されている作業ディレクトリ（PC 内のフォルダ）内のファイルとなります。作業ディレクトリは関数 getwd で知ることができ，作業ディレクトリの変更は関数 setwd で行います。

```
データの読み込みと書き込み

> f2021.data <- read.csv(""c://myfolder/chosa/2021.csv")
  #ドライブ C のフォルダ myfolder 内の chosa フォルダ内の 2021.csv ファイルの読み込み
  #f2021.data という名称のオブジェクトに読み込む
> getwd()
  #現在の作業ディレクトリの表示
[1] "C:/Users/kanda"
> setwd("d:/data/R")
  #作業ディレクトリをドライブ D のフォルダ data 内のフォルダ R に設定
> write.csv(f2021.data,"test.csv")
  #f2021.data のデータフレームを CSV 形式のファイルに出力
  #ファイル名しか指定していないので作業ディレクトリ内の test.csv ファイルに出力
```

　ここでは，作業ディレクトリの変更をしましたが，作業ディレクトリの変更をしたときには，作業スペースの保存に注意が必要です（後述）。

3.4　データフレームの扱い

　R の場合，正しくデータが読み込めれば画面上何も変わりません。読み込めなかった場合にエラーが出ます。エラーが出なかったからといって，必要としているデータが読み込めたのかどうかはわかりません。確かめるには，データフレームというオブジェクトに入れられましたので，オブジェクト名を入力するだけでその中身が表示されます（データフレーム以外でもオブジェクトはその名称を入力すると中身が表示される）。ただし，データは多くの行がありますからすべて出力されてしまうとやっかいです。そこで，head 関数を使うと最初から指定した行だけ表示されます（何も指定しないと 6 行）。

　さらに，edit 関数を使うと Excel のワークシート様のウィンドウで編集ができます(図 3-1)。edit 関数はそのまま実行すると日本語文字が文字化けします。メニュー「編集」−「GUI プリファレンス」を開き，「Font」を「MS Mincho」などに変更する必要があります。編集結果を保存するにはコマンド入力時にオブジェクトに代入しなければなりません[6]。

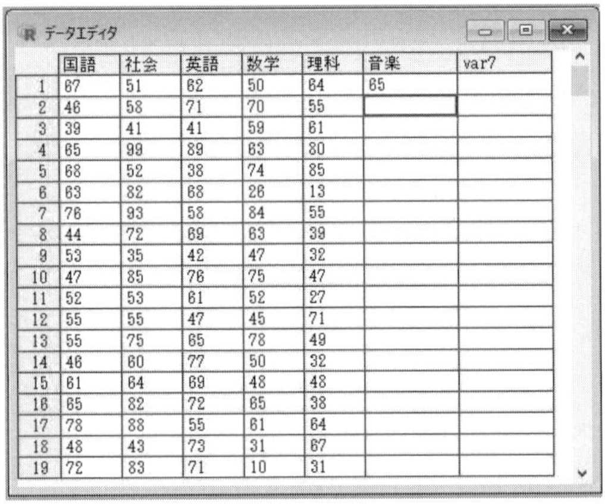

図 3-1　edit 関数で five.data を開いたところ

6 列目に新たに「音楽」と列名を入れ，データ 65 を入力したもの。メニュー「編集」−「GUI プリファレンス」−「Font」を「MS Mincho」に設定。

---

6) edit と同様の機能に関数 fix があり，こちらを使えば編集結果が上書きされます。

```
┌─ データフレームの内容表示 ──────────────────────
│
│ > five.data
│   # オブジェクトの名称を指定するだけで中身を確認
│   #five.data のすべてが出力されてしまう
│     国語 社会 英語 数学 理科
│ 1    67   51   62   50   64
│ 2    46   58   71   70   55
│ 3    39   41   41   59   61
│ …（途中略）
│ 262  53   68   26   33   46
│ 263  55   54   76   40   41
│ > head(five.data, n=4)
│   #head 関数を使うと n で指定した行のデータ数を先頭から表示. 指定しないと 6 行表示
│     国語 社会 英語 数学 理科
│ 1    67   51   62   50   64
│ 2    46   58   71   70   55
│ 3    39   41   41   59   61
│ 4    65   99   89   63   80
│ > edit(five.data)
│   #edit 関数で編集結果は出力される. 編集内容は保存されるわけではない
│     国語 社会 英語 数学 理科
│ 1    67   51   62   50   64
│ …（途中略）
│ 263  55   54   76   40   41
│ > five_v2.data <- edit(five.data)
│   # 編集結果の保存をしたいときはオブジェクトに代入を
│ > head(five_v2.data, n=3)
│     国語 社会 英語 数学 理科 音楽
│ 1    67   51   62   50   64   65  # 変数「音楽」を追加し, 1番目だけデータを入力
│ 2    46   58   71   70   55   NA  # 2番目以降はデータを入れていないので, 欠損扱い
│ 3    39   41   41   59   61   NA
│
└──────────────────────────────────────────
```

edit 関数はデータを編集したり行や列の追加はできますが，削除ができません。データフレームの一部を取り出したり削除したりしたい場合は，データフレーム名のあとに［　］をつけて，列や行を指定します。

データフレームの名称［行の指定, 列の指定］

データフレームの名称［列の指定］

データフレームの名称［行の指定,］　後ろにカンマがあると行だけの指定と
　　　　　　　　　　　　　　　　　解釈

列や行の番号か名称で指定します（行の場合名称を使うことはあまりないで

しょう）。複数の要素を並べるときは，c(3,5) のように c で囲みます。これをベクトルといいます。さまざまな指定の例は付録に記しています。

　因子分析の場合，あとで出てきますが，変数の取捨選択をすることがありますので，このやり方は覚えておくとよいでしょう。

データフレームの加工

```
> test1.data <- five.data[" 理科 "]
  # 理科の列だけ抽出. 列番号で five.data[5] としても同じ
> head(test1.data)
  理科
1  64
2  55
3  61
4  80
5  85
6  13
> head(five.data[c(1,3,4)])
  # 複数の列 1,3,4 を選択. five.data[c(" 国語 "," 英語 "," 数学 ")] としても同じ
  国語 英語 数学
1  67  62  50
2  46  71  70
3  39  41  59
4  65  89  63
5  68  38  74
6  63  68  26
> head(five.data[-c(1,3,4)])
  # 列の 1,3,4 を除く. five.data[-c(" 国語 "," 英語 "," 数学 ")] としても同じ
  社会 理科
1  51  64
2  58  55
3  41  61
4  99  80
5  52  85
6  82  13
> five.data[10:12,]
  #10 から 12 番目の行を選択. 行だけの指定はカンマを後ろに
     国語 社会 英語 数学 理科
10   47  85  76  75  47
11   52  53  61  52  27
12   55  55  47  45  71
```

3.5　結果や入力内容の保存

　統計分析の結果は，コンソール画面に出力されます。分析結果以外にも画面の出力には入力したコマンドやRからのメッセージ（エラーメッセージ等）も出力されています。これらをテキストファイルとして，コピー，印刷，ファイル保存が可能です。

- マウスで画面上の範囲を指定してコピーできる。あとは別のアプリケーションにペーストして，レポートや論文を作成できる。
- 「ファイル」メニューから「印刷」を選べば印刷できる。
- 「ファイル」メニューから「ファイルに保存」を選べばテキストファイルとして保存される。

　コマンドや結果などは，ファイルとして保存しておくことをお勧めします。ファイルに保存しておけば，どのようなコマンドを入力したときに，どのような結果が出力されたかがすべて残りますから，あとで同じようなことをする場合に参照できます。また，テキストファイルですので，一度入力したコマンドを保存したファイルからコピーしてRプログラムにペーストすれば，同じ分析が実行できます。本書での実行例も，この機能を使って保存し，ウェブサイトで提供します（「参考資料」を参照）。

　GUI環境のソフトウェアでどのような操作をしたのかは，操作を動画で保存していないとわからないですが，コマンドベースであれば，その操作記録がテキストとして残るので，どのような操作をしたのかが簡単にわかります。これはコマンド入力の最大の利点です。

　描いた図についても，コピー（クリップボードへ），印刷，ファイル保存が可能です。

- 「ファイル」メニューから「クリップボードにコピー」あるいは右クリックをすれば，メタファイル形式かビットマップ形式にてコピーできる。あとは別のアプリケーションにペーストして，レポートや論文を作成できる。

- 「ファイル」メニューから「印刷」，あるいは右クリックから「印刷」を選べば印刷できる。

- 「ファイル」メニューから「別名で保存」，あるいは右クリックから保存の項目を選べばファイルとして保存される。形式は，Metafile，Postscript，PDF，Png，Bmp，TIFF，Jpeg。ただし，右クリックから選べるのは Metafile と Postscript だけ。

3.6 途中データ（オブジェクトや入力履歴等）の保存と読み込み

　R を使う場合，読み込んだデータや分析結果などをオブジェクトとして保存していくことが頻繁になされます。これらのオブジェクトは R プログラムの実行中は作業スペースというところに保存されていますが，R プログラムが終了するとなくなってしまいます。

　一旦 R プログラムを終了して，再開したときに前に使っていたオブジェクトを使いたいことがあります。また，入力履歴も再利用できると便利です。そのために，オブジェクトや入力履歴が保存できるようになっています。オブジェクトや入力履歴は作業スペースに保存されていますので，R プログラムを終了する前に作業スペースを保存しておけばよいのです。具体的には次のように行います。

- R プログラムを終了する（「q ()」の実行あるいは画面を閉じる）ときに「作業スペースを保存しますか？」と尋ねられる。これに Yes と答えると，この時点での作業ディレクトリ内に「.RData」というファイル名でオブジェクトを保存。同時に入力履歴も「.Rhistory」というファイル名で保存。

- 「ファイル」メニューから「作業スペースの保存」を選択するとオブジェクトが保存される。ファイル名は「.RData」であるが，自分で保存するフォルダやファイルの名称を変更可能。

- 「ファイル」メニューから「履歴の保存」を選択すると入力履歴が保存される。ファイル名は「.Rhistory」であるが，自分で保存するフォルダやファイルの名称は変更可能。

　プログラム終了時にはオブジェクトも入力履歴も同時に保存してくれますが，自分でファイルメニューから選んだときは，オブジェクトと入力履歴は別扱いになります。作業スペースという用語が入力履歴を含む場合（R プログラム終了時）と含まない場合（ファイルメニューから選択時）があり，まぎらわしいので気をつけてください。

　R を再開したときにオブジェクトや入力履歴を読み込むには次のやり方があります。

- R プログラム起動時に自動読み込み。何もしなくても，作業ディレクトリ内のオブジェクトデータ「.RData」と入力履歴データ「.Rhistory」が自動的に読み込まれる。起動時に「以前にセーブされたワークスペースを復帰します」と表示。
- 「ファイル」メニューから「作業スペースの読み込み」を選択しオブジェクトのデータファイルを指定。
- 「ファイル」メニューから「履歴の読み込み」を選択し入力履歴ファイルを指定。

　起動時に自動的に読み込んでくれますので，通常は何もしなくてよいのですが，作業ディレクトリを変更していた場合，起動時には作業ディレクトリは元に戻っていますので，意図していないデータが読み込まれている可能性があります。その際は自分で変更したフォルダから読み込む作業が必要です。

因子分析を行う

ここからは，実際に因子分析を行っていく手順を説明していきます。

4.1 データの適切性

因子分析は，どのようなデータでも分析できるわけではありません。因子分析は複数の変数に共通した因子を抽出するわけですから，変数間にある程度の相関がなければ，共通の因子は抽出できません。そのため，因子分析をする前にデータが適切なのかどうかをチェックをするとよいでしょう。

4.1.1 変数の数とデータの数

観測変数の数は，抽出される因子の数にある程度依存します。最初からある程度どのような因子が抽出されるか想定される場合は，それにあわせて観測変数の数を決めればよいでしょう。少なくともひとつの因子に3つの観測変数は必要でしょう。

ただし，変数の数をいくつにするかよりも，調べたいと考えている因子の影響からどのようなことが観察されるのかといったことを精緻に考えることが先で，その結果変数の数が足りないようであれば，他に観測できる変数がないかどうかを検討するべきでしょう。

また，あらかじめどのような因子があるのか想定できない場合もあります。このような場合は，変数の数の問題よりも，多角的にとらえて観測変数を決める

必要があるでしょう。

次にデータの数ですが，どのような統計分析でも，データ数はある程度なければなりません。とくに，因子分析のような多変量解析になると，変数間の関係性を調べていくことになりますから，いっそうデータの数が多いことが求められます。

ただし，絶対的な基準があるわけではありません。因子分析では，300くらいあれば十分だといわれますが，変数の数によっても異なります。変数の数が少なければデータの数が少なくてもかまいませんが，変数の数が多くなるとデータの数も必要になります。変数の数の5倍程度があればよいでしょう。

4.1.2 変数間の相関のチェック

共通した因子が存在するということは，変数間に相関があるわけですから，相関がなければうまく因子が抽出できません。そこで，事前に変数間に相関があるかどうかをチェックする方法がいくつかあり，ここではそれらを紹介します。

バートレットの検定

バートレットの検定では相関があるかどうかをχ^2（カイ二乗）検定で行っており，検定結果の有意確率が0.05を下回れば相関があると判断し，0.05を上回れば相関はないと判断します。以下に5教科のデータを使った例（実行例4-1）を示しました。検定結果は相関ありで問題がないでしょう。

ただし，一般にデータ数が多いと，統計検定の有意確率は低くなります。因子分析をする場合はデータ数が多いですから，それほど相関がない場合でも，検定上では相関ありの判断になってしまいます。そのため，バートレットの検定だけで判断するわけにはいかないでしょう。

【実行例 4-1】関数 cortest.bartlett を利用して有意確率を算出

```
> cortest.bartlett(five.data, n=263)
  #データフレームに five.data を，データ数に 263 を指定
R was not square, finding R from data #このメッセージは無視してもよい
$chisq
[1]  268.8361 # χ²値
```

```
$p.value
[1] 5.883209e-52    #有意確率が指数表現. ほとんど0 (5.88 × 10⁻⁵²)
$df
[1] 10 #自由度
```

Kaiser-Meyer-Olkin（KMO）の標本基準

　Kaiser-Meyer-Olkin が提唱した基準で，データ（標本）の適切性について相関係数に比して偏相関係数[7]がどの程度小さいのかを指標とした基準です。偏相関係数が大きいと他の変数との関係性が低く，複数の変数に共通した因子が見つけられなくなります。指標は MSA（measure of sampling adequacy）値として算出され 0 ～ 1 の値となります。偏相関係数が相関係数に比べて小さいほど 1 に近づき，偏相関係数が大きいほど 0 に近づきます。表 4-1 に判断基準の目安を示しました。MSA の値が大きいほどデータとして適切であることを意味します。

　MSA の値は，全体の相関が高いと高くなります[8]。そのため，少ない因子で説明される場合のほうが，MSA は高くなり，因子の数が多く抽出されるようなデータ構造であれば，MSA は低くなります。

　そのため，MSA が低くなったからといって因子分析に必ずしも適さないわけではありません。MSA が低くなるのは，変数の数に比して因子が

表 4-1　MSA の判断基準

MSA 値	判断
0.9 ～	素晴らしい
0.8 ～	適切である
0.7 ～	普通
0.6 ～	普通以下
0.5 ～	適切でない
～ 0.5	容認できない

多く抽出される場合と考えたほうがよいでしょう。因子数が多くても十分に説明できれば問題ないのですが，説明できにくくなることが多いので，そういった意味では MSA が低くなると適さないということでもあります。

　一方，MSA が高い値になったとしても，因子分析を行うときに因子の数などを適切に設定しないと意味がありません。MSA の値はひとつの目安だと考える

---

7) 複数の変数がある場合，二者の相関係数をとると，その二者以外の変数の影響を受けて実際の二者の関係性よりも相関係数が高く出てしまいます。そこで，他の変数の影響を排除して算出するのが偏相関係数といわれます。

8) MSA の値は変数の数やデータの数が多くても高くなります。

程度でよいでしょう。実際に因子分析をしてうまく説明できる結果が導かれればそれで問題はないのです。

　Rを利用すると，全体のMSAの値とは別に変数ごとのMSAの値も算出してくれます。変数ごとのMSAが極端に低い変数が存在した場合，その変数は適さないことが考えられますので，因子分析を行う場合にその変数を除いたほうがいいでしょう。

　以下に例を示します（実行例4-2）。ここに示した例は，架空のデータで行っています。全体のMSA値は問題ありませんが，v10の変数だけMSA値が低く，この場合因子分析を行ってもv10は共通因子からの影響を受けず孤立してしまう可能性があります。実際に因子分析を行う場合，このようにMSA値が低い変数は取り除いたほうがよいという判断になるでしょう。

【実行例 4-2】関数 KMO を利用して MSA 値を算出

```
> KMO(datafile)        #架空のデータを用いています
Kaiser-Meyer-Olkin factor adequacy
Call: KMO(r = datafile)
Overall MSA =  0.75        #全体の MSA 値
MSA for each item =
  v1   v2   v3   v4   v5   v6   v7   v8   v9  v10
0.81 0.69 0.82 0.78 0.65 0.78 0.79 0.67 0.80 0.47
     #変数 v10 の MSA 値が低く，除いたほうがよい
```

4.1.3　偏りのないデータを

　データは正規分布になっていないといけないわけではありません。重要なのは，個々の観測変数が，個々の違いを調べる指標になっているかどうかです。たとえば，前述の5教科のテストの点数の場合で，数学の点数が全員100点だとか，全員50点とかであれば，観測変数として意味をなしません。つまり極端に特定の値に偏りを示している観測変数があれば，それはデータとして適切ではありません。Rでは，先に示したようにヒストグラムなどが簡単に表示できますので（図2-5），事前にチェックするのは難しくありません。

　質問紙などの回答の場合，天井効果やフロア効果が生じていないか，また，特定の値の回答に偏っていないか（「どちらでもない」にほとんどの人が回答して

しまっている場合等)などを事前にチェックしておいたほうがよいでしょう。もちろん，質問紙以外のデータの場合でも，特定の値に偏りを示してしまう可能性もあります。事前にチェックして特定の値に偏った変数があれば，分析対象からはずすべきでしょう。

4.1.4　データをとるときと分析後のデータの問題点の検討が重要

　因子分析を行うデータの適切性については，因子分析を行おうとする段階ではそれほど神経質になる必要はないでしょう。適切でないデータであれば，実際に因子分析を行ってみると，うまく因子を抽出することができないからです。重要なのはデータをとるときの段階で適切性を意識することと，因子分析を行ったあとにどの変数が適切でないかを見極めることです。

　データをとるときに注意すべき点は，データの数を確保することと偏りのないデータをとることです。データの数は多いにこしたことはありません。先に述べたように，観測変数の数の5倍以上は確保したほうがよいでしょう。また，偏りを防ぐには天井効果やフロア効果が出ないような質問紙を設計するなど，因子分析だけの問題ではなく，質問紙の一般的な設計や実験の方法論などの話になります。

　一方，因子分析を行ったときにどの変数が適切でないかは，あとで因子分析における変数の取捨選択の説明をしますので，そこで検討することになると思います。また，先に示した pairs.panels を実行して，その分布や他の変数との関係性を見るなどして，どこに問題があったのかを吟味する必要があります。重要なのは，因子分析を行ってうまくいかなかったときに，どこに問題があるのかをじっくり吟味することです。それを行わないと次にデータをとるときに同じ問題を引き起こしてしまいます。うまくいかなかったことで何かを学習しないと次につながりません。研究の場合はもちろんですが，研究目的でない分析においても，失敗を経験した場合，それを教訓にして学習しないとよい分析はできません。

4.2 因子分析の流れ

　因子分析を行うには一般には図4-1のような流れになります。因子分析は一回の分析で終わるわけではなく，結果から因子の解釈を検討し，結果の解釈がよりふさわしいようにさまざまな設定をし直して繰り返し何度もやっていく必要があります。

　判断・設定すべきものは，変数の選択，抽出法，因子数，回転法です。Rの場合，因子分析の関数 fa のパラメータとしてこれらを指定します。変数の取捨選択が必要なときは，必要な変数を抽出したデータフレームを作ることになりますが，因子数，抽出法，回転は，fa の引数として，実行例4-3のように指定します。

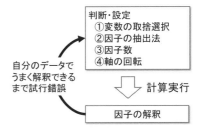

図4-1　因子分析の流れ

　これから判断・設定について順に話をしますが，はじめて分析するときは，とりあえずすべての観測変数を使うのが一般的です。そこで，変数の取捨選択はあとで説明するとして，最初は因子の抽出の話になります。

【実行例 4-3】因子分析の関数 fa を使った指定例

```
> fa(data1, nfactors=3, fm="ml", rotate="promax")
  # データ：data1 因子数：3　因子抽出法：最尤法 (ml)　回転：プロマックス回転 (promax)
Factor Analysis using method =  ml
Call: fa(r = data1, nfactors = 3, rotate = "promax", fm = "ml")
  # 何が指定されたかが表示される
… (以下略)
```

　これから，実際にデータを使って分析を行いますので，使用するデータを読み込みましょう。データは学生に実施した授業評価アンケートです[9]。ある授

---

9) 実際に実施したデータですが，実際には項目はもっと多く，ここではその中の9項目にしぼっています。質問の内容も若干修正しています。

業に対して以下に示した9つの項目について「1：全くあてはまらない」，「2：あまりあてはまらない」，「3：どちらでもない」，「4：少しあてはまる」，「5：よくあてはまる」の5段階で評定してもらったデータです。変数名をq1〜q9と割り当てており，257人のデータがあります。

q1	q2	q3	q4	q5	q6	q7	q8	q9
3	4	3	3	4	4	5	5	5
4	4	3	4	4	3	4	4	4
4	5	3	5	5	5	5	5	5
3	4	1	4	3	5	2	5	2
4	4	3	4	4	4	5	5	5
3	4	1	3	3	3	3	5	3
…								
4	5	3	5	5	5	4	5	4

257人

q1：将来役に立つ
q2：知識が増えた
q3：他の授業に活かせる
q4：興味深かった
q5：もっと知りたいと思った
q6：面白かった
q7：説明が分かりやすかった
q8：試験でいい点がとれそう
q9：自分の理解レベルに合っていた

データは筆者のウェブサイトから読み込み，set.data というオブジェクトに代入し，一応，バートレットの検定と KMO を行っています（実行例 4-4）。また，分布と相関を pairs.panels 関数を使って表示させました（図 4-2）。授業評価のデータなので天井効果が多少見られますが，データの適切性は問題ないでしょう。

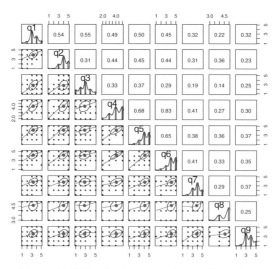

図 4-2 授業評価データのヒストグラムと散布図行列

【実行例 4-4】データの読み込み

```
> set.data <- read.csv("http://mlab.arrow.jp/r_factor/set_data.csv")
  #CSV ファイルの読み込み．ネット上の set_data.csv ファイルを指定
  #set.data という名称のオブジェクトに読み込む
> cortest.bartlett(set.data, n=257)
R was not square, finding R from data
$chisq
[1] 951.7394

$p.value
[1] 2.062573e-176

$df
[1] 36
> KMO(set.data)
Kaiser-Meyer-Olkin factor adequacy
Call: KMO(r = set.data)
Overall MSA =  0.84
MSA for each item =
  q1   q2   q3   q4   q5   q6   q7   q8   q9
0.83 0.87 0.82 0.78 0.92 0.80 0.92 0.85 0.88
> pairs.panels(set.data)
  # ヒストグラムや相関行列の出力
```

4.3 因子を抽出する

　因子を抽出するというのは，データの中で共通した特徴をもった部分（個々の共通因子ではなくすべての共通因子）がどの程度であるのかをまず推測することから始まります（共通の部分を**共通性**といいます）。共通性を推測すると，そこからさらに複数の共通因子に分けていくという作業になります。その作業はあるアルゴリズムに則って行うのですが，その方法を**因子抽出法**といいます。

　因子抽出法にはいろいろな方法が考案されています（表 4-2）。関数 fa の引数（fm）にいずれかを指定します。分析をする際に自分でどの方法を使うか指定しなければなりません。多少乱暴ですが，どれを使っても結果には大きな違いがないと考えておいてよいでしょう[10]。

---

10) 因子負荷量の値は異なってきますが，因子の解釈をする上で決定的な違いが出てくることはあまりありません。ただし，因子負荷量の値によって変数の選択を行う方針の場合は，結果を大きく左右することも考えられます。

表 4-2   代表的な因子抽出法

抽出法	R での指定（fm=）	特徴
最尤法	ml	データの正規性を仮定している。データ数がある程度必要。共通性が1を超え警告が出る可能性がある。
重みづけのない最小二乗法	uls, minres（デフォルト）	データが少なくても可。項目間の共通性の違いに重みづけがなされない。
一般化された最小二乗法	gls	項目間の共通性の違いで重みづけをする。
主因子法	pa	理論的には重みづけのない最小二乗法と同じ。

　注意が必要なのは最尤法（さいゆうほう）を使う場合です。最尤法では正規分布を仮定していますので，分布に偏りがある場合は避けたほうがいいでしょう。一般的には統計モデルとして最尤法を使うことが推奨されていますが，とりあえず使うには，最小二乗法や主因子法など使いやすいものを使ってもかまわないでしょう。

　また抽出法を利用する場合，オプションの指定が必要なときがあります。共通性の初期値を指定したり[11]，抽出する際の計算の繰り返し回数などを決める必要も出てきます[12]。

4.4　因子数の決め方

　抽出される因子の数は，因子分析を行うと自動的に決まるわけではありません。そのため，因子分析をする前に，因子の数を決めておく必要があります（nfactors=）。因子数をいくつにするかは因子分析の結果を大きく左右します。そ

---

11) 因子の抽出は，共通因子で説明できる部分（共通性）を決めて，それを複数の因子に分解していきます。最初は共通性をこちらから与えてあげないといけません。通常は意識することはありませんが，分析者がオプションとして決めることも可能です。R の場合引数で指定できます。

12) 因子の抽出は繰り返し計算をするアルゴリズムで，ある収束基準を満たすまで繰り返すのですが，何回繰り返しても収束基準を満たさないこともあり，計算がいつまでたっても終わらず，コンピュータがフリーズしてしまう可能性があります。そのため，計算の繰り返し回数の上限や収束判定の最小の差分を設定する必要が出てきます。

れだけ重要なものですが，その基準が明確に定まっているわけではありません。そのためいろいろな決め方が提案されています（堀，2005；Pearson, Mundfrom, & Piccone, 2013）。数学的な基準がありますが，それはひとつの目安として考え，最終的には因子の解釈の可能性を優先して検討することになります。表 4-3 に因子数の決め方の主なものをまとめました。

表 4-3　因子数の決め方の主なもの

基準等	特徴
・固有値で決める	
固有値の下限	固有値がある値以上の因子を採用する。 PC 固有値[◇1] > 1，FA 固有値[◇2] > 0，FA 固有値 > 固有値の平均
スクリーテスト	スクリープロット上で大きな変化点のところまでの因子数とする。
平行分析	乱数等による相関行列をもとに算出した固有値より実際のデータの固有値が上回ったところの因子数を採用。
・統計的な基準	
MAP	因子の影響を受けない偏相関係数の平均が最も小さくなるときの因子数を採用する。
χ^2 適合度	適合度の検定を行い，棄却されなかった場合の因子数が適切だと判断する。
情報量基準	AIC や BIC などの情報量の数値が相対的に小さいところで因子数を決める。
寄与率	寄与率が小さい因子は因子として採用しない。
・解釈可能性	因子の解釈が可能かどうかで因子数を決める。上記の基準は目安として，最終的には，この解釈可能性によって判断する。

◇1　PC 固有値：相関係数行列をもとに算出する。通常，固有値といえばこちらを指す。
◇2　FA 固有値：相関係数行列の対角位置を重相関係数の 2 乗値に置き換えて算出する。

4.4.1　固有値で決める

　因子を抽出する場合，**固有値**といわれるものが計算されます。固有値とは，各因子に対する係数のようなもので，この値が大きいほど因子とするには有効だと考えればよいでしょう。観測変数の数だけ算出され，その値はだんだん小さくなっていきます。固有値の計算を R で行う場合，関数 fa.parallel を使うと便利

で，値の計算はもちろんのこと，グラフ（**スクリープロット**）も作成してくれます。実行例 4-5 を以下に示し，そのグラフを図 4-3 に示しました。

```
【実行例 4-5】固有値を算出する

> eigen.result <- fa.parallel(set.data, fm="ml")
Parallel analysis suggests that the number of factors =  3
  and the number of components =  1
    #PC 固有値，FA 固有値の両方を算出するため，fa.parallel 関数を使う
    # 因子の抽出法に最尤法を指定．結果をオブジェクト eigen.result に
    # 平行分析の結果としては，FA 固有値では 3 因子，PC 固有値では 1 因子を推奨
> eigen.result$pc.values
[1] 4.1766560 1.0261862 0.8859122 0.8348285 0.6412555
 0.5623923 0.3629904 0.3531334 0.1566455
    #PC 固有値を表示．抽出法に依存しない．合計すると変数の数と同じ値に
> eigen.result$fa.values
[1]  3.674453895  0.425458809  0.215007552  0.044625036 -0.002145536
 -0.050397496 -0.171665733 -0.230024745 -0.348227333
    #FA 固有値を表示
> mean(eigen.result$fa.values)
[1] 0.3952316
    #FA 固有値の平均を算出
```

　ちょっとややこしいのですが，実は固有値の算出方法には 2 通りあります。固有値を計算する場合相関係数行列を使いますが，相関係数行列の対角位置を重相関係数の二乗値に置き換えて算出することがあります[13]。ここでは，通常の固有値を PC 固有値，そして対角位置に重相関係数を使って計算する場合の固有値を FA 固有値と呼びます[14]。図 4-3 の実線で描かれた記号×のグラフが PC

---

13) 固有値の計算は，相関係数行列を用いて，主成分分析や因子分析で行われる計算です。ただし，相関係数行列の扱いが分析によって異なります。主成分分析では，対角位置（自分の変数同士の相関係数）が 1 の通常の相関係数行列を使って計算されます。一方，因子分析では少し異なります。因子分析は，共通性の推定を行う過程の中で固有値の計算を行っていきますが，共通性は相関行列でいうと対角位置にあたります。対角位置は通常 1 ですが，その初期値を 1 のままではなく，重相関係数の二乗値に置き換えて行うことが一般的になされます。そこで，主成分分析において算出される通常の固有値を PC（Principal Component Analysis）固有値，対角位置を重相関係数の二乗値に置き換えて算出する固有値のほうは，因子分析で行うため，FA（Factor Analysis）固有値という言い方をするのです。

14) FA 固有値の算出は因子の抽出のプロセスが含まれるため，抽出法に何を使うかを指定する必要があります。

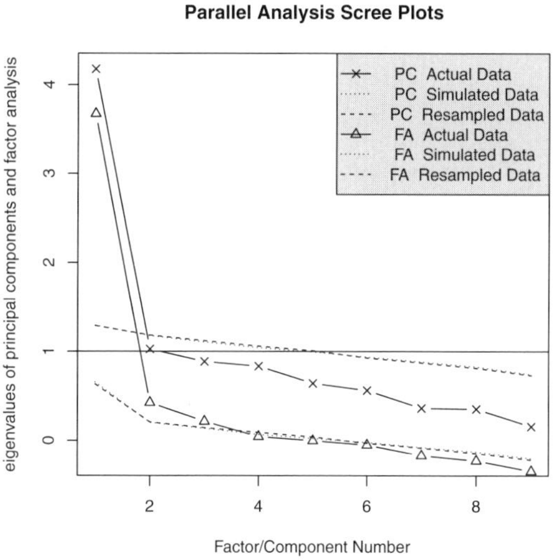

Parallel Analysis Scree Plots

図 4-3　固有値のスクリープロットの例

PC 固有値（×）と FA 固有値（△）について，実際のデータに基づ
いたもの（Actual Data），ランダムデータ（Simulated Data）と，元の
データをランダムにサンプリングした場合（Resampled Data）が示さ
れている。

固有値で，記号△のグラフが FA 固有値です。

　固有値は変数の数だけ算出されるといいましたが，その固有値がある値以上
のものを数え，その数を因子の数として決めるやり方です。その基準の決め方
にはいくつかやり方があります。

固有値の下限の基準

　固有値の下限の決め方には 3 通りあります。

- PC 固有値が 1 以上となった数を因子の数とする

　　この基準はカイザー基準といわれます[15]。例として示した図 4-3 の×印の
　グラフ，実行例 4-5 の pc.values の値を見ると，値が 1 を超えている固有値

---

15) カイザー・ガットマン基準，ガットマン基準といわれることもあります。

は 2 つですので，2 因子までとすることになります。

- FA 固有値が 0 以上となった数を因子の数とする

 図 4-3 の△印のグラフ，実行例 4-5 の fa.values の値を見ると，値が 0 を超えている固有値は 4 つですので，4 因子までとすることになります。

- FA 固有値が固有値の平均以上となった因子の数とする

 実行例 4-5 では，FA 固有値の平均を計算しています。平均が 0.395 ですので，2 因子までとすることになります。

固有値の大きな変化点で切る（スクリーテスト）

　固有値はだんだん小さくなっていくといいましたが，最初は急なグラフがなだらかなグラフに変わっていきます（図 4-3）。その急なグラフがなだらかなグラフに変わっていく大きな変化点で因子数を区切るというやり方です。スクリープロットによって決めるため，スクリーテストということもあります。

　判断が難しいですが，PC 固有値で判断すると 4 因子まで，FA 固有値で判断すると 5 因子までと考えられます。この基準は，観測変数が多く，固有値の下限で決めた場合に因子数が多く出た場合に考慮する基準です。そのため，この例ではあまり有効でないかもしれません。

平行分析

　固有値のある値以上で決めるという基準の欠点を補うために考えられたやり方です。固有値の下限で決めるのは明確ですが，なぜその値を下限とするのかの根拠はあいまいなところがあります。そこで，固有値を乱数によるデータから算出した値を基準とし，実際のデータによる固有値がそれを上回った数を因子数とするのが平行分析です。図 4-3 には，データに基づいた固有値（実線）と乱数に基づいた固有値（点線および破線）を示しており，点線や破線より実線が上回ったところまで，因子数をとることになります[16]。

---

16) 関数 fa.parallel では，ランダムなデータを生成する場合（Simulated Data）と，元のデータをランダムにサンプリングした場合（Resampled Data）の 2 つを算出し，その平均とデータに基づいた固有値との比較を行っています。実際には 2 つともほぼ同じ値になってしまい，グラフではほとんど重なってしまいます。

図から，PC 固有値では 1 因子，FA 固有値では 3 因子と判断されます。その結果は，fa.parallel 関数を実行したときに，メッセージとしても表示されています。"the number of factors = 3"（FA 固有値の場合），"the number of components = 1"（PC 固有値の場合）と表示されています。

4.4.2 統計的な基準

固有値が因子分析を行う前の計算過程で出てくる指標を使うやり方であるのに対して，ここで統計的な基準という言い方[17]をしているのは，ある因子数で実際に因子を抽出してみて，その因子分析モデルがどの程度データに適合しているかをある統計的な基準で決めようというやり方であるからです。

実際に因子数を任意に定め因子分析を行い統計的な基準を算出させます。その値によって，その因子数で行った因子分析が適切であるかどうか判断します。そのため，因子数を試行錯誤に変えてみる必要がありますが，R の場合は，その統計的基準の計算だけを専門にやってくれる vss という関数があります。それが次の実行例 4-6 です。統計的な基準は以下のようにいくつかあります。

【実行例 4-6】統計的な基準を検討する

```
> vss(set.data) #とくに引数は指定せず，データファイルだけの指定
Very Simple Structure
Call: vss(x = x, n = n, rotate = rotate, diagonal = diagonal, fm = fm,
    n.obs = n.obs, plot = plot, title = title, use = use, cor = cor)
VSS complexity 1 achieves a maximimum of 0.82  with  1  factors
VSS complexity 2 achieves a maximimum of 0.85  with  2  factors
     #複雑性 1，2 で，下記の vss1，vss2 の各最大値の箇所で因子数を決定
The Velicer MAP achieves a minimum of 0.04  with  1  factors
     #MAP では因子数 1 を推奨（下記の値 map では 0.044 で最小）
BIC achieves a minimum of  NA  with  3  factors
     #BIC では因子数 3 を推奨（下記の値では -48.6 で最小）
Sample Size adjusted BIC achieves a minimum of  NA  with  4  factors
     #SABIC では因子数 4 を推奨（下記の値では -11.0 で最小）
```

17）ここで話をする基準の総称として使っていますが，一般にはこのような言い方をしているわけではありません。

```
Statistics by number of factors
    vss1 vss2   map dof   chisq     prob sqresid  fit RMSEA   BIC SABIC
1 0.82 0.00 0.044  27 1.8e+02 2.6e-24     3.9 0.82 0.150  28.8 114.4
2 0.59 0.85 0.063  19 6.5e+01 6.4e-07     3.1 0.85 0.099 -40.6  19.7
3 0.48 0.76 0.072  12 1.8e+01 1.2e-01     2.6 0.88 0.046 -48.6 -10.6
4 0.54 0.77 0.118   6 3.2e+00 7.8e-01     1.8 0.92 0.000 -30.1 -11.0
5 0.52 0.69 0.227   1 3.3e-02 8.6e-01     1.3 0.94 0.000  -5.5  -2.3
6 0.47 0.70 0.304  -3 2.7e-07      NA     1.7 0.92    NA    NA    NA
7 0.46 0.66 0.525  -6 4.2e-08      NA     1.7 0.92    NA    NA    NA
8 0.46 0.66 1.000  -8 3.3e-11      NA     1.6 0.92    NA    NA    NA
#chisq の prob をみると，因子数 3，4，5 で適合
… （以下略）
```

MAP （Minimum Average Partial，最小偏相関平均）

　因子の影響を受けない偏相関係数の平均を算出し，その偏相関が最も小さくなるところで，因子数を決定するというものです。各観測変数は，共通因子の影響とそれ以外（独自因子）の影響を受けているわけですが，共通因子の影響が大きければ，共通因子の影響を受けない偏相関係数は，理論的には 0 に近づくはずです。そのため，偏相関係数が小さいほど，因子分析のモデルとしては，うまく因子で説明できていることになります[18]。実行例 4-6 では，map の値が 1 因子のときに最小（0.044）となっており因子数 1 が適切だという判断になります。実際には，MAP は因子数の最低数の目安として使うべきでしょう。

χ^2 適合度で決める

　因子分析モデルがうまく適合できているかどうかを χ^2 検定で行うものです。

　適合度の検定は，適合しているという仮説を設定しそれを検定するもので，その仮説が棄却されなければ適合していると考えます。そのため，検定結果の有意確率が 5% を超えると棄却されずに適合していることになり，そのときの因子数での因子分析モデルは適合していると考えます。実行例 4-6 では，因子数が 3，4，5 のときに，有意確率（prob）がそれぞれ，0.12(1.2e-01)，0.78(7.8e-01)，0.86(8.6e-01) となっており，0.05（5%）を超えており，適合していると判断できます。

18）この考え方は，データの適切性のところで KMO 基準でふれた考え方と同じです。

情報量基準

適合度を AIC (Akaike Information Criterion) や BIC (Bayesian Information Criterion) などの情報量基準によってモデルの当てはまりのよさを評価するものです。因子数をいろいろ変えて，最も基準値が低かったところの因子数を採用することになります。実行例 4-6 では，BIC が算出されており，BIC の場合因子数 3，サンプルサイズを調整した SABIC では因子数 4 が推奨されています。

寄与率で決める

共通因子が各変数に影響を与えている程度がどの程度であるかによって決める基準です。ひとつの共通因子が全観測変数に与えている影響の程度を算出したものを**因子寄与**といいます(因子寄与の詳細については後述)。それを割合で示したものを**寄与率**といいます。因子は順番に抽出されるのですが，寄与率は抽出された因子の順でだんだん小さくなっていきます。この寄与率がある程度大きいところで区切ってしまうというやり方です。

実行例 4-7 では，因子数をわざと 6 で行ってみました。最初の Loadings として示されているのが因子負荷量です。左側に観測変数（q1 ～ q9）が，上に抽出された因子（MR1, MR2, MR4...）が並んでいます。番号が途中入れ替わっているのは，因子を抽出した段階（まだ回転していないとき）の因子寄与の値が回転によって変わってしまったからです[19]。ここでは，因子負荷量の値が 0.3 以上のものだけを示しています。

5 番目の因子（MR6）までは 0.3 以上の因子負荷を示した観測変数がありますが，6 番目の因子（MR5）では，因子負荷はすべて 0.3 未満だったため，表示されていません。因子数 6 まで取る必要がないことが因子負荷量を見てわかります。それでは，因子数 5 までが妥当かということ必ずしもそうではありません。寄与率を見る必要があります。

寄与率は，下のほうに Proportion Var として示されています。値が順番に小

---

19) 因子寄与は SS loadings の値で示されるもので，回転前は MR3 の因子寄与が MR4 の因子寄与より大きかったのですが，回転によってそれが逆転してしまったため，回転後は MR4 のほうが先に示されているのです。MR5, MR6 が逆転しているのも同様の理由によるものです。

さくなっていることがわかると思います。5番目の因子は 0.027 となっており，わずか 2.7% にすぎません。6番目の因子はさらに低く，0.006 となっており，わずか 0.6% にすぎません。6番目まで必要がないことがわかりますが，5番目の因子も寄与率が非常に低く，共通因子として考えるのはあまり意味がないと考えられます。さらに，3番目，4番目の因子も 0.099，0.093 といずれも 10% に満たない数値を示しています。ここも検討の余地があります。

【実行例 4-7】因子数 6 で寄与率算出

```
> fa.result <- fa(set.data, nfactors=6, rotate="varimax")$loadings
> print(fa.result, cutoff=0.3, digits=3)
  # 一旦結果を fa.result に入れ，print 関数で負荷量だけを有効桁 3 桁で出力
  #$loadings は因子分析の結果の中から負荷量の値を使うことを意味している
Loadings:  # 因子負荷量
    MR1   MR2   MR4   MR3   MR6   MR5
q1        0.756             0.301
q2        0.372       0.474 0.338
q3        0.652
q4  0.929
q5  0.561 0.334       0.324
q6  0.770
q7              0.523
q8                    0.580
q9              0.556
       # 回転によって，因子寄与の値が変わったため，因子名の番号が入れ替わっている．
                 MR1   MR2   MR4   MR3   MR6   MR5
SS loadings     2.043 1.397 0.893 0.835 0.245 0.054   # 因子寄与
Proportion Var  0.227 0.155 0.099 0.093 0.027 0.006   # 寄与率
Cumulative Var  0.227 0.382 0.481 0.574 0.601 0.608   # 累積寄与率
```

そこで，3因子で行ったのが次の実行例 4-8 です。因子の寄与率としてそれほど高い値ではありませんが，0.215，0.182，0.153 となっており，因子としては許容される範囲ではないかと判断されます。

【実行例 4-8】因子数 3 で寄与率算出

```
> fa.result <- fa(set.data, nfactors=3, rotate="varimax")$loadings
> print(fa.result, cutoff=0.3, digits=3)
Loadings:  # 因子負荷量
    MR1   MR2   MR3
q1        0.949
q2        0.411 0.406
```

```
q3        0.512
q4 0.925
q5 0.534 0.328 0.455
q6 0.741       0.394
q7             0.487
q8             0.537
q9             0.442

                  MR1   MR2   MR3
SS loadings     1.939 1.636 1.374   # 因子寄与
Proportion Var  0.215 0.182 0.153   # 寄与率
Cumulative Var  0.215 0.397 0.550   # 累積寄与率
```

　寄与率は最初の因子を抽出した段階と回転後の段階では値が異なります。実際には回転を行うのが普通ですので，回転後の寄与率を見るのが一般的です。この実行例ではとりあえずバリマックスという回転を行った例を示しましたが，実際には回転も変えてさらに検討する必要があります。

　寄与率は，どのくらいの値までであれば因子として認めてよいのかの基準が明確ではありませんので，次に述べる因子の解釈の可能性との関係で検討することになります。

4.4.3　解釈の可能性

　固有値や統計的な基準をどんなに厳密に適用しても，最終的には抽出された因子の解釈ができなければ意味がありません。上述しましたように，基準の決め方はさまざまあります。さまざまあるということはどれも決め手に欠けるということでもあります。そのため，因子の**解釈の可能性**は最も重要な基準と考えてよいでしょう。

　したがって，固有値や統計的な基準はひとつの目安として考えておいてよいでしょう。それを目安にして，因子数を増減させて分析を試行錯誤に行い，最後は，因子の解釈ができるかどうかによって因子数を決めるのが賢いやり方だと思います。ただし，安易に分析者の都合のよいように決めるわけにはいきませんので，因子負荷量をじっくり眺めて判断する必要があります。

4.4.4　因子の数は実際にどうやって決めるか

　因子の解釈の可能性が最重要だと言いましたが，最初から解釈できるかどう

かで決めればよいのではありません。それだと分析者の主観によって恣意的に決められてしまうことになりかねません。データをとったら，主観を捨て中立な立場で分析をしなければいけません。とくに因子の数は分析結果に大きく影響を与えてしまうため，因子の数を決めるには，いかに主観を捨てるかが重要となります。

実際には，次のような流れを考えるとよいでしょう。

- 平行分析や vss を実行してみる。
- 上記の分析の基準で推奨される因子数で，無になって因子を解釈する。
- うまく解釈できなければ，用いる数値基準を変えてみる。
- 解釈が難しければ，因子数を増減して，解釈を試みる。
- 最終的には解釈可能性で決める。

用いる数値基準は，平行分析，適合度，情報量を目安にするとよいでしょう。FA 固有値の場合，抽出法によっても値が変わりますので，抽出法を変えることもやってみるとよいでしょう。そして，最終的には解釈の可能性を考えて，数値基準で推奨された因子の数から多少の増減をさせて決めることになると思います。

論文やレポートで分析結果を記述する際には，因子数の決定法の記述が必要になります。その際，どのような基準で決めたのかを明確にしておく必要があります。

4.5　因子軸の回転

因子分析の結果は因子と各観測変数の関係がどのようになっているのかという形で出てきます。空間的に考えると，因子は観測変数をプロットした多次元空間の各次元の軸に相当します。

わかりやすく考えるために，ここでは，2 次元，つまり因子数が 2 つの場合で考えてみます。例として，学生による授業評価アンケートの回答を因子数 2で因子分析した結果（実行例 4-9）を図 4-4 に示しました。

ここで，因子負荷量は，各プロットされた観測変数のそれぞれの因子軸の座標になります。実行例 4-9 の Standardized loadings が因子負荷量で，MR1 が第 1 因子，MR2 が第 2 因子です。図 4-4 の座標を読み取れば，因子負荷量の値と対応していることがわかります。

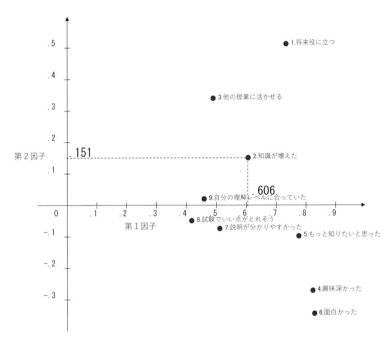

図 4-4　回転前の初期解の因子負荷量のプロット図

「2．知識が増えた」の第 1 因子の負荷量は .606，第 2 因子の負荷量は .151。どの観測変数も第 1 因子の負荷量の値が高く，解釈が難しい。

【実行例 4-9】初期解の例

```
> fa.result <- fa(set.data, nfactors=2, rotate="none")
> print(fa.result, digits=3)
　# 一旦結果を fa.result に入れ，print 関数で負荷量だけを有効桁 3 桁で出力
Factor Analysis using method =  minres
Call: fa(r = set.data, nfactors = 2, rotate = "none")
Standardized loadings (pattern matrix) based upon correlation matrix
```

```
       MR1     MR2     h2     u2    com
q1  0.733   0.513  0.801  0.199  1.79
q2  0.606   0.151  0.390  0.610  1.12
q3  0.489   0.340  0.354  0.646  1.78
q4  0.823  -0.271  0.751  0.249  1.21
q5  0.776  -0.098  0.612  0.388  1.03
q6  0.829  -0.344  0.805  0.195  1.33
q7  0.511  -0.074  0.266  0.734  1.04
q8  0.418  -0.049  0.177  0.823  1.03
q9  0.459   0.020  0.211  0.789  1.00
```
回転をさせなかったときの因子負荷量
```
                          MR1    MR2
SS loadings             3.757  0.611    # 因子寄与
Proportion Var          0.417  0.068    # 寄与率
Cumulative Var          0.417  0.485    # 累積寄与率
Proportion Explained    0.860  0.140
Cumulative Proportion   0.860  1.000
… （以下略）
```

4.5.1 何のために回転するのか？

　図 4-4 に示した結果は，**初期解**といわれるもので，回転をさせないとこのような結果が算出されます[20]。初期解と後述する回転を行った場合の因子負荷量を表 4-4 に示しましたが，初期解の欄を見ると，どの観測変数においても第1因子に因子負荷量が高くなるように算出されています[21]。そのため，2つの因子がどのような因子であるのか解釈ができません。因子を解釈するには，因子軸を回転させる必要があるのです。

　そこで回転させた結果を図 4-5 に示しました。バリマックス回転とよばれる回転を行った結果です（実行例 4-10）。

【実行例 4-10】バリマックス回転の例

```
> fa.result <- fa(set.data, nfactors=2, rotate="varimax")
> print(fa.result, digits=3)
Factor Analysis using method =  minres
Call: fa(r = set.data, nfactors = 2, rotate = "varimax")
```

20) Rの場合，回転のデフォルトがoblimin となっており，初期解に相当するものは，回転の引数に「回転なし」を明示的に指定（rotate = "none"）しないと算出されません。
21) 用いる抽出法によっては回転しなくても，因子負荷量が複数の因子に分散することもあります。

```
Standardized loadings (pattern matrix) based upon correlation matrix
      MR1   MR2   h2    u2    com
q1 0.284 0.849 0.801 0.199 1.22
q2 0.397 0.482 0.390 0.610 1.93
q3 0.190 0.564 0.354 0.646 1.23
q4 0.823 0.272 0.751 0.249 1.22
q5 0.682 0.383 0.612 0.388 1.57
q6 0.871 0.217 0.805 0.195 1.12
q7 0.455 0.244 0.266 0.734 1.53
q8 0.365 0.209 0.177 0.823 1.59
q9 0.357 0.289 0.211 0.789 1.92


                        MR1   MR2
SS loadings            2.643 1.725  #因子寄与
Proportion Var         0.294 0.192  #寄与率
Cumulative Var         0.294 0.485  #累積寄与率
Proportion Explained   0.605 0.395
Cumulative Proportion  0.605 1.000
… (以下略)
```

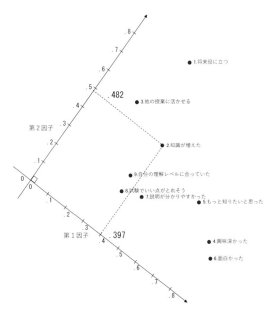

図4-5　直交回転（バリマックス回転）の例

「2．知識が増えた」の第1因子の負荷量は.397，第2因子の負荷量は.482。第1因子の解釈は難しいが，第2因子は「有用性」と解釈が可能。

表 4-4　回転前と回転後の因子負荷量（負荷量 0.4 以上を太字で示した）

質問項目	初期解（回転なし）		パリマックス		クォーティミン		共通性
	因子1	因子2	因子1	因子2	因子1	因子2	
	?	?	?	有用性	?	有用性	
1. 将来役に立つ (q1)	**.733**	**.513**	.284	**.849**	-.004	**.898**	.801
2. 知識が増えた (q2)	**.606**	.151	.397	**.482**	.276	**.419**	.390
3. 他の授業に活かせる (q3)	**.489**	.340	.190	**.564**	-.001	**.596**	.354
4. 興味深かった (q4)	**.823**	-.271	**.823**	.272	**.862**	.008	.751
5. もっと知りたいと思った (q5)	**.776**	-.098	**.682**	.383	**.651**	.194	.612
6. 面白かった (q6)	**.829**	-.344	**.871**	.217	**.940**	-.075	.805
7. 説明が分かりやすかった (q7)	**.511**	-.074	**.455**	.244	**.439**	.116	.266
8. 試験でいい点がとれそう (q8)	**.418**	-.049	.365	.209	.347	.108	.177
9. 自分の理解レベルに合っていた (q9)	**.459**	.020	.357	.289	.305	.206	.211

　因子負荷量の値は，回転した2つの軸の座標に相当します。初期解では，どの観測変数も第1因子からの影響を受けているという偏った形になっており，因子の解釈がうまくできませんでしたが，バリマックス回転をしたときの因子負荷量の欄（表4-4）を見ると，因子負荷量が高い値のものが2番目の因子にも分配されていることがわかります。

　回転をさせるというのは，因子の解釈ができ，それぞれの因子に意味をもたせるためです。因子負荷量がうまく各因子に分配されるように，因子軸を回転させるのです。

　軸の回転によって目指すことは，**単純構造**にするということです。単純構造とは，観測変数とそれに影響を与えている因子との関係が単純であるということです。最も極端な場合は，特定の因子は特定の観測変数にしか影響を与えていないという場合です。軸を回転することによって，各因子が限られた観測変数だけに影響を与えるようにすることが可能となり，単純構造を目指すことができます。

　ただし，後述しますが，単純構造を目指すことは解釈をしやすくすることが目的であり，因子分析の結果が単純構造になっていなければならないわけではありません。因子の解釈ができれば，単純構造でなくてもかまいません。

　実際にどうやって回転させるかですが，回転のやり方はいろいろなものが考案されており，大きく分けて直交回転と斜交回転の2つの回転のやり方があり

ます。

4.5.2 直交回転

図4-5に示した回転は直交回転のひとつであるバリマックス回転を行った結果でした。この図は，初期解の軸（図4-4）を2つともそのまま時計回りに約55度回転したものとなっています。ここで見てほしいのは2つの軸の交わり方です。2つの軸が直角に交わっています。これは初期解でもそうでした。そのまま軸を回転したわけですから，直交のままです。このように軸を直交させたまま回転する回転法を**直交回転**といいます。

直交しているということは，2つの軸が独立していることを意味しています。2つの軸，つまり因子には相関がないということです[22]。

直交回転は，基本的に回転角を決めればよいのですが[23]，どの程度回転させれば単純構造になるかがわかればよいのです。単純構造であるためには，観測変数から見たときに高い関係のある因子の数がなるべく少ないこと，さらに，因子から見たときに影響を高く与える観測変数の数が少ないことが求められます。初期解の例では「1. 将来役に立つ」の変数は第1因子にも第2因子にも負荷量が高くなっており，観測変数から見たときに両方の因子ともに高い関係にあり，よろしくありません。一方，因子のほうから見ると，第1因子ではほとんどの観測変数の負荷量が高くなってあまりにも多すぎます。

代表的な直交回転を表4-5にまとめました。おおざっぱにまとめると，表4-5の上のほうが各変数において因子負荷が高い因子をなるべく少なくするようになり，下のほうが各因子において特定の変数だけに因子負荷が高くなるように単純化されると考えてよいでしょう。クォーティマックスから因子パーシモニーまでの6つの回転は，オーソマックス基準といわれるグループに属する回

---

22) 座標上の点を軸と平行に移動させれば，他の軸の座標の値は変わらず，当該の軸の座標の値だけが変わります。たとえば，座標（4, 5）をx軸に平行に6移動させると，x座標が6増え（10, 5）となり，x座標は変わりますが，y座標は変わりません。このとき，xの値が変化してもyの値は変化していません。つまり，xとyは独立していると考えられます。

23) 多次元になれば，角度だけではなく，方向も決める必要があります。

表 4-5 因子回転の代表的な方法

回転法	R での指定	特徴
直交回転		
クォーティマックス	quartimax ◇1	オーソマックス基準のグループに属する。表の下のほうの回転ほど、因子ごとに関わりのある観測変数が少なく、上のほうの回転ほど、観測変数を説明するために必要な因子の数を少なくする。
バイクォーティマックス	◇1	
バリマックス	varimax ◇1	
エカマックス	equamax ◇2	
パーシマックス	◇1	
因子パーシモニー	◇1	
ジオミン（直交）	geominT	因子負荷量の幾何平均を最小化。
斜交回転		
コバリミン	◇3	オブリミン基準に属するグループで、因子間相関がコバリミン＜バイクォーティミン＜クォーティミンの順となる。oblimin と指定すると、デフォルトはクォーティミン回転。
バイクォーティミン	biquartimin	
クォーティミン	quartimin	
プロマックス	promax	バリマックス回転を累乗し、それをターゲットにして回転。
ジオミン（斜交）	geominQ	因子負荷量の幾何平均を最小化。

◇1 関数 fa では直接指定できない。詳細は付録に記載。
◇2 equamax と指定しても、現 R のプログラムではクォーティマックスと同じになっている。
◇3 コバリミンは、オブリミンのオプションで指定。rotate="oblimin", gam=1. 詳細は付録を参照。

転で，基準の式があり，基準式の中のパラメータが少しずつ異なるだけです。そのパラメータの違いによってどちら（負荷量の高い因子を少なくするか特定の変数だけ負荷量を高くするか）が優先されるかが異なります。最後のジオミンは，幾何平均によってその基準を決めるものです。

　図 4-5 に示したものはバリマックス回転を行ったもので，直交回転ではバリマックスが最もポピュラーな回転です。因子負荷量の値は表 4-4 に示しています。このように回転させると，第 2 因子が「有用性」の因子であると解釈ができます。第 1 因子は解釈が難しいようで，この例の場合，因子数を 3 因子にすると明快に解釈ができます（後述）。

4.5.3　斜交回転

　直交回転が軸を直交させたまま回転させるのに対して，斜交回転は軸を別々に回転させます。軸は直交せずに斜めに交わるため，**斜交回転**という言い方をします。実際にクォーティミン回転を行った例（実行例 4-11）を示し，その図を図 4-6 に示しました。

【実行例 4-11】クォーティミン回転の例

```
> fa.result <- fa(set.data, nfactors=2, rotate="quartimin")
> print(fa.result, digits=3, cutoff=0)
Factor Analysis using method =  minres
Call: fa(r = set.data, nfactors = 2, rotate = "quartimin")
Standardized loadings (pattern matrix) based upon correlation matrix
      MR1    MR2   h2    u2   com    # 因子負荷量
q1 -0.004  0.898 0.801 0.199 1.00
q2  0.276  0.419 0.390 0.610 1.73
q3 -0.001  0.596 0.354 0.646 1.00
q4  0.862  0.008 0.751 0.249 1.00
q5  0.651  0.194 0.612 0.388 1.18
q6  0.940 -0.075 0.805 0.195 1.01
q7  0.439  0.116 0.266 0.734 1.14
q8  0.347  0.108 0.177 0.823 1.19
q9  0.305  0.206 0.211 0.789 1.76


                       MR1   MR2
SS loadings          2.727 1.641   # 因子寄与
Proportion Var       0.303 0.182   # 寄与率
Cumulative Var       0.303 0.485   # 累積寄与率
Proportion Explained 0.624 0.376
```

```
Cumulative Proportion 0.624 1.000

 With factor correlations of    # 因子間相関
       MR1    MR2
MR1 1.000 0.596
MR2 0.596 1.000

… （以下略）
```

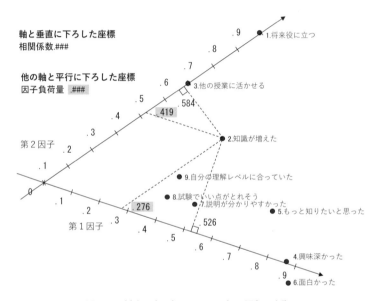

図 4-6　斜交回転（クォーティミン回転の例）

「2. 知識が増えた」の因子負荷量は .276（第 1 因子）と .419（第 2 因子）。相関係数は .526（第 1 因子）と .584（第 2 因子）。

　2 つの軸が直交ではなく斜めに交わっていることがわかります。ここで，各軸の座標が因子負荷量になるわけですが，斜交回転の場合，直交回転と少し事情が異なります。斜交回転では座標の読み方が 2 通りになります。

　プロットした点から軸に下ろすときの下ろし方が 2 通りあるからです。軸に直角に下ろす場合と他の軸と平行になるように下ろす場合の 2 通りです。前者は相関係数で，後者が因子負荷量です。図 4-6 では，2 つの因子の場合において，因子負荷量と相関係数の 2 つの違いを示しています。

「2. 知識が増えた」から第 1 因子に直角に下ろすとその座標は .526，第 2 因子に直角に下ろすと .584 で，これらの値は相関係数になります。一方，第 1 因子に線を下ろすときに第 2 因子の軸と平行に下ろすとその座標は .276，第 2 因子に線を下ろすときに第 1 因子の軸と平行に下ろすと .419 となります。これらの値のほうが因子負荷量です。

表 4-4 に斜交回転での因子負荷量も示しました。斜交回転では，直交回転よりも因子負荷量にメリハリがついて解釈がしやすくなります。ただし，ここでも第 1 因子は解釈が難しいようで，この点は後述します。

斜交回転の場合，斜めに交わるというのが特徴ですが，直交回転では直交という制約をもって回転させていたのに対し，斜交回転ではその制約をなくして，軸を別々に回転させようとしただけのことです。直交回転では軸を直交させるという制約があるため，ある因子で単純化しようとすると別の因子では単純化できなくなってしまいます。しかし，軸の角度が自由に変えられるのであれば，その制約はなくなって各因子において単純構造ができるようになります。

直交回転ではそれぞれの因子軸が直交しているため，各因子間は独立していたわけですが，その制約をなくした斜交回転では，因子軸と因子軸の間に何らかの相関が生じてしまいます。相関が生じるのは悪いような印象をもってしまいますが，因子間の相関が全くないというのは不自然ですので，斜交回転のほうが自然であるとも考えられます。

言い換えると，斜交回転の特徴は因子間に相関があるということでもあります。そのため，斜交回転にもいろいろ種類があるのですが，因子間の相関をどの程度に考えるかによってどの斜交回転を選ぶかが決まってきます。相関が低くなると直交回転と変わらなくなってしまいます。一方で，因子間の相関が高くなりすぎると，同じような因子が複数できることになるわけで，因子を複数に分ける意味がなくなってしまいます。

斜交回転には，表 4-5 に示したような方法があります。最初の 3 つ（コバリミン，バイクォーティミン，クォーティミン）は同じグループに属するもので，下にいくほど因子間相関が高くなります。プロマックス回転はパラメータの指定によって因子間相関が変わります（後述）。ジオミンは，直交回転にもあった幾何平均を指標とするもので，その際に斜交を許すタイプになります。

出力結果の詳細な見方

　因子分析を実際に一通り行ってきました。とりあえず計算させたという段階ですので，実際には，ここから因子の数や回転をどうするか，そして変数の取捨選択を検討する必要があります。

　その前に，因子分析の出力結果の詳細を見ておく必要があります。ここまでは，R で因子分析を行った結果について必要なところしか見ていきませんでしたが，因子分析の出力結果には，これまで説明しなかったいろいろな情報が出力されています。これらの情報を詳細に見ていくことで，因子分析の計算とはどのようなことを行っているのかがわかってきます。

　図 5-1 に 5 科目の因子分析の出力の例を示しました。因子負荷については説明をしましたが，他の出力情報についてはあまり説明をしていませんでした。因子分析の計算の考え方を説明しながら，順を追って説明していきます。

5.1　共通因子と独自因子

　繰り返しになりますが，因子分析は観測変数に共通している共通因子を取り出すということが目的にあります。それは，観測変数がある共通因子の影響によって決まるという考え方からきています。しかし，観測変数は共通因子だけの影響を受けているわけではありません。

　たとえば，図 5-1 を見ると，国語の点数は文系能力の因子（第 1 因子）あるいは理系能力の因子（第 2 因子）の 2 つの共通因子の影響を受けていて，文系

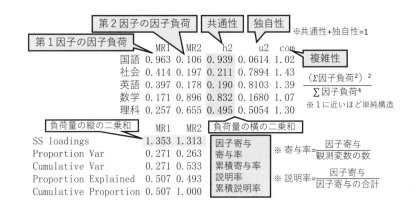

図 5-1 R における因子分析の結果の出力例

説明の都合上，上半分の出力は右にずらしている。

能力因子の影響を強く受けているということがわかります。

しかし，国語の点数を決めているのは，文系能力と理系能力だけではありません。他の教科とは共通していない国語独自の知識やスキルが必要だと考えられます。たとえば，文学作品の名称やその作者は誰かといった知識は他の科目にはあまり関係がありません。こういった科目独自の影響因子が考えられます。国語以外の科目においても，文系能力や理系能力とは関係ない，その科目独自の内容があるはずです。英語のスペル，数学の公式，理科の岩石の種類，社会の歴史上の出来事の年など，いろいろ考えられるでしょう。つまり，各観測変数は，共通因子の影響以外に，その観測変数独自の影響を受けています。その独自のものを，共通因子と区別して**独自因子**といいます。

ここで理解していただきたいのは，それぞれの観測変数は，共通因子と独自因子の影響を受けているということです。そして，観測変数の値は，共通因子と独自因子で**説明**されるという言い方がなされます。

5.1.1 共通性を推測

因子分析の計算をする場合，共通因子と独自因子に分けていきます。まず，各観測変数がどの程度共通因子の影響を受け，独自因子の影響をどの程度受けて

いるかを推測します。

　共通因子の影響を受けている程度を**共通性**といい，独自因子の影響を受けている程度を**独自性**といいます。図 5-1 において，因子負荷の値の列のすぐ右のグレーの網掛けをしている h2 という列の値が共通性で，各科目について計算されています。文系能力と理系能力の 2 つの共通因子で説明される程度（割合）を表しています。ここでは，因子数を 2 で行っていますが，因子数を多く設定すれば，それだけ共通因子の影響は大きいと考えられますので，共通性は因子数に応じて一般に高くなります。

　一方，独自性は共通性の数値の隣の u2 という列に出力されています。各観測変数は共通因子と独自因子で説明されますので，共通因子の部分，つまり共通性で説明される残りが独自性で説明されることになります。因子分析は共通因子を取り出すことが目的であり，独自因子は誤差扱いされますので，独自因子をいくつか設定することはありません。実際にはいくつかの独自因子があると考えるべきでしょうが，まとめて独自性となります。

　計算をするのは共通性のほうで，共通性が計算できたら，残りが誤差，つまり独自性となります。全体を 1 として，たとえば共通性が 0.7 と計算されれば，独自性はその残りの 0.3 となります。共通性と独自性を合計すると 1 になります（図 5-1 では，独自性が小数点以下 4 桁まで出力されているので，そのまま合計すると，小数点以下 4 桁めの分だけ大きくなってしまいます）。

　共通性を計算するのに指定するのが因子抽出法です。共通性の計算というのは，おおざっぱにいうと，次のような計算をします。まず，共通性を仮にある値に決めておきます。そして，選択された抽出法でそれぞれ計算すべき基準を計算し，その基準が満たされているかどうかチェックします。基準を満たしていなければ共通性を修正し基準を満たすまで繰り返し計算を行っていくという作業を行います。

5.1.2　因子に分配：因子負荷量の算出

　共通性が推測できれば，共通性を因子に分配する計算に入ります。共通性は共通因子の影響を受けている総体を表していますから，想定している各因子がそれぞれの観測変数ごとにどの程度影響を与えているか，つまり因子負荷量の

値を算出することになります。

　たとえば，国語の共通性は 0.939 となっていますが，これが因子 1 の 0.963 と因子 2 の 0.106 に分配されています（丸めの誤差があるため，数字を調整しています）。

$$0.939 \rightarrow 0.928 + 0.011 \rightarrow 0.963^2 + 0.106^2 \tag{5.1}$$

　因子負荷量は，上式のように共通性を各因子に分配し，その平方根をとった値になります。言い換えると，共通性は各観測変数の因子負荷量の二乗和に等しくなります。ただし，計算としては先に共通性が決まり，それを分配するようなイメージです。どのような値として分配されるかを決めるのが，因子軸の回転のさせ方です。

　さらに，図 5-1 では，各変数の行末に複雑性（Hoffman の指標）が算出されています。各因子からの観測変数への影響が複雑になっているかどうかを示す指標です。実際の計算式は図中に示しており，この値が 1 であれば最も単純で，大きくなれば複雑性の度合いが高くなることを示しています。単純構造になっているかどうかの指標であり，値が 1 に近ければ単純構造となっていることになります。

　分配という観点からいうと，均等に分配されると複雑性の指標は高くなり，偏りがあると 1 に近くなります。一般的には特定の因子に偏りがあったほうが単純構造になり説明しやすくなりますので，複雑性が高くなれば，因子数などを再検討する必要が出てくるでしょう。

5.1.3　因子寄与率と説明率

　因子負荷量，共通性，複雑性が出力されたあとに，因子寄与，説明率などが出力されます。図 5-1 の下半分に示された出力です。

　因子寄与とは，因子ごとに観測変数で説明できるかの程度を表しています。因子寄与は，共通性と対称的な関係にあります。各変数ごとに因子負荷量の二乗和を計算したものが共通性となり，共通性は各変数がどの程度共通因子で説明できるのかを表しています。一方，因子寄与は，各因子ごとに因子負荷量の二

乗和を計算したものになります。各因子がどの程度観測変数で説明できるのか
を表しています。図表で考えると因子負荷量の二乗の横の合計が共通性，縦の
合計が因子寄与となります。さらにそれぞれの合計，つまり共通性の合計と因
子寄与の合計は，直交回転では同じ値になります。

　因子寄与が低いと，その因子は各観測変数と共通しているわけではないこと
になります。因子分析を行う場合，因子寄与がある程度の値がないと意味があ
りません。因子寄与の値は，観測変数の数が増えれば，それだけ値は高くなり
ます。そこで割合で算出した値を見るのが一般的で，それが寄与率になります。
因子数を検討する際に寄与率を見るのは，因子寄与が低い因子は因子として取
り上げることに意味がないだろうという判断からです。

　因子寄与を割合で示したものが**因子寄与率**です。寄与率は，因子寄与を観測
変数の数で割った値になります。なぜ，観測変数の数で割るかは，次のように
考えるとわかります。共通性の最大値は 1（独自性が 0）になりますので，仮に
因子数がひとつであればその因子負荷量は 1 になります（各観測変数の因子負
荷量の二乗和が共通性ですから）。それが各変数における因子負荷量の最大値で
す。因子寄与は，因子ごとに各変数の因子負荷量の二乗和を計算するわけです
ので，変数の数が最大値に相当します。したがって，寄与率という割合の算出
においては，因子寄与を観測変数の数（因子寄与の最大値）で割ることになる
のです。

　さらに，共通因子の中での割合を算出したものが**説明率**になります。因子寄
与の合計で各因子寄与の値を割った値です。寄与率は，全体（独自因子と共通
因子）の中で各共通因子がどの程度寄与しているのかを示し，説明率は共通因
子全体の中で各共通因子で説明できるのがどの程度なのかを示します。した
がって，説明率のほうが寄与率よりも高い値になります。

　そして，出力結果では因子寄与率と説明率の累積（**累積寄与率，累積説明率**）
が算出されます。寄与率，説明率，およびそれぞれの累積の値は，どこまで因
子の数をとるべきか判断する材料となります。

5.2　因子軸の回転と共通性

　因子の回転は難しく思われることが多いですが，因子の回転と共通性の関係を知っておくと，それほど難しく考えなくてもよいことがわかります。

　因子分析は，各観測変数間の相関係数を出発点としますので，因子を抽出する際に，各観測変数の関係性がどのようになっているのかが決まっていきます。選択された抽出法によって推定され，その関係性が空間的に配置され，初期解の図（図4-4）で表現されます。ここで共通性が決められたと考えるとよいでしょう。

　一旦，この配置が決まったら，回転によって動くことはありません。原点も固定されていますので，原点と各観測変数の布置の関係性も全く変わりません。回転前（図4-4），直交回転（図4-5），斜交回転（図4-6）のプロットした9つの観測変数の位置は変わっていません。変わっているのは軸だけです。

　ここで注目してほしいのは，原点から各観測変数までの距離です。原点から近いものもありますが，遠い変数もあります。この原点からの距離の二乗が共通性に相当するのです。共通性とは，それぞれの観測変数がどの程度共通因子で説明できるかを推測したものです。回転によってプロットした点自体は変わらないため，共通性は回転によって変わることはありません。3つの実行例4-9（初期解），4-10（直交回転），4-11（斜交回転）ともに，h2（共通性）の列の値は同じで，表4-4にもその値を示しています。

　共通性は先に述べましたように，各因子の因子負荷の二乗和です（ただし，斜交回転では一致しません）。たとえば「2. 知識が増えた」の共通性の値は，0.390です。初期解のときの第1因子と第2因子の負荷量の二乗和に一致します。

$$.390(.624^2 \quad 距離の二乗) = 0.151^2 + 0.606^2 \tag{5.2}$$

　回転とは，因子の解釈ができるように，共通因子の全体の影響力を各因子にうまく分配していく作業です。分配をベクトルで考えるとわかりやすくなります。図5-2に「2. 知識が増えた」の項目について，初期解，直交回転，斜交回転の3つの軸を重ね合わせ，その因子負荷量を図示してみました。

回転によって，原点から観測変数までの距離が変わりませんので，このように重ね合わせることができ，その距離は .624 と変化がありません。このベクトルをどう分配するかによって，回転が決まるのです。回転された軸に沿って，2 つのベクトルに分解したのが，この図になります。バリマックス回転では，距離 .624 のベクトルを距離 .397 と距離 .482 の 2 つのベクトルに分解しており，この 2 つのベクトルは直交しています。クォーティミン回転では，距離 .276 と距離 .419 の 2 つのベクトルに分解しており，この 2 つのベクトルは直交せず，斜めに交わっています。

このように共通性を最初に決めて，あとは抽出しようとする各因子への分配のやり方を変える，それが回転だと考えればよいのです。

回転の方法については，いろいろ小難しい名称がついていますが，いかにうまく説明できるかをいろいろな基準で決定しているだけです。軸の回転は，人間が勝手に判断して軸を動かしても悪くはありません。ただし，たくさんある

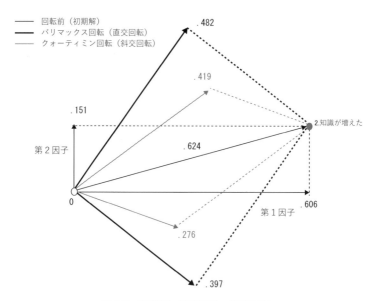

図 5-2 初期解，直交回転，斜交回転

「2. 知識が増えた」の項目の原点からの距離（.624）は，因子を抽出した段階で固定され，因子軸の回転によって，2 つのベクトルへの分配の仕方が変わり，因子負荷量の値が決まる。

変数すべてにとって都合のよいように人間が判断するのが難しいため，ある数
値上の基準に基づいて回転角を決めたほうが結果的にうまく回転できるという
にすぎません。

5.3　因子間相関，因子パターン，因子構造

　先に斜交回転においては因子軸上に各観測変数から下ろす座標に 2 種類ある
と話をしました。そのあたりの話をもう少しくわしく説明しておきます。

　斜交回転になると，直交回転にはない結果が出力されます。実行例 4-11 では，
因子負荷量が出力されたあとに，**因子間相関**が出力されています。斜交回転は
軸が独立ではないため，因子と因子の間にどの程度相関があるのかが出力され
るのです。因子間相関は 2 つの軸が交わる角度に反映されます。軸同士が鋭角
であると正の相関，鈍角であると負の相関をすることになります。

　また，統計ソフトによっては，因子負荷量とは別のマトリックスが出力され
ます[24]。これは，先に述べたように軸の下ろし方に 2 つあるためで，因子負荷
量に加えて，相関係数も別途出力されます。R では通常は出力されませんので，
実行例 5-1 のように指定して出力することになります。図 4-6 では「2. 知識が
増えた（q2）」の項目で軸に垂直に下ろした値（.526, .584）が相関係数であるこ
とを示しており，実行例 5-1 の値に対応していることがわかります。

　因子負荷量と似たようなマトリックスの出力です。それを区別するために因
子負荷量のマトリックスは**因子パターン**といい，相関係数のマトリックスは**因
子構造**といいます[25]。

　因子パターンと因子構造を比べてみると，因子構造の値のほうが高い値を示
しています。これは，相関係数が他の因子の影響も含まれているため，見か
け上の関係性が高く出てしまいます。図 4-6 では，「2. 知識が増えた」の項目
では，第 1 因子の相関係数は .526 となっていますが，第 2 因子と相関があるた

---

24) SAS や SPSS などの統計パッケージの場合，とくに何も指定していなくても出力されます。
25) 因子構造は，因子パターンに因子間相関を乗じれば算出されます。

め，第 2 因子の影響も受けて，このような数値となっています。そこで，第 2
因子の影響を受けないように相関係数を算出すると .276 となります。第 2 因子
と平行に線を下ろすことで読み取れる座標です。第 2 因子と平行ですから，第
2 因子の影響を受けていません。そうやって算出されるのが偏相関係数といわ
れます[26]。この偏相関係数が因子負荷量になるのです。したがって因子パター
ンというのは偏相関係数のマトリックスであり，一方，因子構造は相関係数の
マトリックスとなっています（表 5-1）。

　直交回転では軸が直交しているため，因子負荷量（因子パターン）と相関係
数（因子構造）の区別がありません。両者は同じ値になっています。

【実行例 5-1】相関係数（因子構造）を出力した例

```
> print(fa.result$Structure, digits=3, cutoff=0)
  #Structure 値が相関係数（因子構造）に相当するため，それを出力
Loadings:  # 相関係数
   MR1   MR2
q1 0.531 0.895
q2 0.526 0.584
q3 0.354 0.595
q4 0.867 0.522
q5 0.767 0.582
q6 0.895 0.485
q7 0.507 0.377
q8 0.412 0.315
q9 0.428 0.388

                MR1   MR2
SS loadings    3.434 2.734
Proportion Var 0.382 0.304
Cumulative Var 0.382 0.685
```

表 5-1　因子パターンと因子構造の違い

因子パターン	偏相関（部分相関）
	他の因子の影響を除去した相関
因子構造	相関（変数と因子の間の）
	他の因子の影響を含む相関

26) 英語では partial correlation coefficient といい，日本語で部分相関係数ということもあります。こち
らの表現のほうが他の影響を排除した部分的な相関だという意味でわかりやすいかもしれません。

因子の解釈の実践

　因子分析で最も大事なのは因子の解釈です。最初にも述べましたように因子分析で出力される結果は因子負荷量だけであって，どのような内容の因子であるかは分析者が決めることになります。そして因子分析の最大の目的はどのような因子が抽出されたかですので，因子をどのように解釈するかが最大の課題になります。

6.1　因子負荷量の見方と因子名の決定

　因子の各観測変数への影響の程度が因子負荷量に示されています。そこで,高い因子負荷量を共通して示している観測変数にどのような潜在的な因子が存在しているのかを解釈することになります。このとき，どの程度の因子負荷量であれば高いと判断するかは難しいところです。一般には絶対値として.50 以上や.40 以上を基準にすることが多いようです。この数値に明確な根拠はないようです。

　データにはばらつきがありますので，一概に決めることができず，研究者によっても見解が異なっています。.50 や.40 以上の数値というのはひとつの目安として考えればよいでしょう。

　実際に因子の解釈の例を授業評価のデータ（表 4-4，p.52）を例に見てみましょう。

因子数 2 の表を見ての解釈

　表 4-4 では，因子負荷量が .40 以上の場合を太字で示しました。これを見ると，初期解では第 1 因子にすべての観測変数の因子負荷量が高く，共通した因子の解釈が難しくなっています。第 2 因子は逆にほとんどの変数で因子負荷量が低く，こちらも解釈が難しくなっています。ところが回転させると解釈しやすくなります。

　第 2 因子では，いずれの回転結果でも，「将来役に立つ」，「知識が増えた」，「他の授業に活かせる」の変数の因子負荷量が高く，授業で習ったことが何らかの役に立つということで共通しており，「有用性」と名付けることができそうです。

　一方，第 1 因子は，「興味深かった」，「もっと知りたいと思った」，「面白かった」，「説明が分かりやすかった」の 4 つで負荷量が高くなっています。前者 3 つは，授業内容に関心をもったということで共通していると判断できますが，「説明が分かりやすかった」は少し異質なもので，共通因子としての解釈が難しいと判断しました。

　表 4-4 は，回転の説明のためにとりあえず因子数 2 で分析を行ったのですが，この授業評価のデータの場合，因子数 2 では十分に説明ができそうにありません。

6.2　因子の数や回転を変えてみる

　因子数を決定するための実行例 4-5（p.40）や実行例 4-6（p.43）を見ると，因子数 2 は決して適切ではなく，因子数 3，4，5 という可能性のほうが考えられます。そこで，因子数 3 でバリマックス回転とプロマックス回転を行ってみました（実行例 6-1，6-2）。その結果をまとめたのが表 6-1 です。

表6-1　バリマックス回転とプロマックス回転の比較 （松尾，2010b を一部改変）

回転	バリマックス			プロマックス		
質問項目	因子1	因子2	因子3	因子1	因子2	因子3
	興味	有用性	理解	興味	有用性	理解
1. 将来役に立つ	.209	**.949**	.206	.027	**.986**	-.001
2. 知識が増えた	.248	**.411**	**.406**	.128	.358	.311
3. 他の授業に活かせる	.170	**.512**	.170	.069	**.495**	.063
4. 興味深かった	**.925**	.262	.235	**.963**	.074	-.014
5. もっと知りたいと思った	**.534**	.328	**.455**	**.460**	.158	.338
6. 面白かった	**.741**	.223	.394	**.722**	.047	.216
7. 説明が分かりやすかった	.260	.159	**.487**	.204	.065	.392
8. 試験でいい点がとれそう	.135	.100	**.537**	.017	-.026	**.586**
9. 自分の理解レベルに合っていた	.172	.209	**.442**	.048	.124	**.432**
因子間相関				因子1 1.00	.418	.460
				因子2	1.00	.408
				因子3		1.00

【実行例6-1】因子数3でバリマックス回転を行った例

```
> fa.result <- fa(set.data, nfactors=3, fm="minres", rotate="varimax")
> print(fa.result, digits=3)
Factor Analysis using method = minres
Call: fa(r = set.data, nfactors = 3, rotate = "varimax", fm = "minres")
Standardized loadings (pattern matrix) based upon correlation matrix
     MR1   MR2   MR3    h2     u2  com   # 因子負荷量
q1 0.209 0.949 0.206 0.986 0.0141 1.19
q2 0.248 0.411 0.406 0.395 0.6048 2.63
q3 0.170 0.512 0.170 0.320 0.6803 1.45
q4 0.925 0.262 0.235 0.980 0.0202 1.30
q5 0.534 0.328 0.455 0.599 0.4009 2.65
q6 0.741 0.223 0.394 0.754 0.2463 1.73
q7 0.260 0.159 0.487 0.330 0.6700 1.77
q8 0.135 0.100 0.537 0.317 0.6832 1.20
q9 0.172 0.209 0.442 0.269 0.7311 1.76


                     MR1   MR2   MR3
SS loadings        1.939 1.636 1.374   # 因子寄与
Proportion Var     0.215 0.182 0.153   # 寄与率
Cumulative Var     0.215 0.397 0.550   # 累積寄与率
Proportion Explained 0.392 0.330 0.278
Cumulative Proportion 0.392 0.722 1.000
… （以下略）
```

【実行例 6-2 ①】プロマックス回転の例

```
> fa.result <- fa(set.data, nfactors=3, fm="ml", rotate="promax", pro.m=2)
> print(fa.result, digits=3)
    #抽出は最尤法
    #プロマックス回転のパラメータ pro.m に 2 を指定. 値が大きいほど因子間相関が高くなる
Factor Analysis using method = ml
Call: fa(r = set.data, nfactors = 3, rotate = "promax", fm = "ml",
    pro.m = 2)
Standardized loadings (pattern matrix) based upon correlation matrix
      ML2    ML1    ML3   h2    u2   com
q1  0.027  0.986 -0.001 0.995 0.005 1.00
q2  0.128  0.358  0.311 0.407 0.593 2.24
q3  0.069  0.495  0.063 0.311 0.689 1.07
q4  0.963  0.074 -0.014 0.979 0.021 1.01
q5  0.460  0.158  0.338 0.599 0.401 2.11
q6  0.722  0.047  0.216 0.751 0.249 1.19
q7  0.204  0.065  0.392 0.305 0.695 1.57
q8  0.017 -0.026  0.586 0.341 0.659 1.01
q9  0.048  0.124  0.432 0.272 0.728 1.19
        #最尤法 (ML) を利用したので，因子名は ML で表示
                          ML2    ML1   ML3
SS loadings             2.062 1.635 1.264
Proportion Var          0.229 0.182 0.140
Cumulative Var          0.229 0.411 0.551
Proportion Explained    0.416 0.330 0.255
Cumulative Proportion   0.416 0.745 1.000

 With factor correlations of      #因子間相関
      ML2   ML1   ML3
ML2 1.000 0.418 0.460
ML1 0.418 1.000 0.408
ML3 0.460 0.408 1.000

… (続く)
```

6.2.1 因子負荷量をプロットしてみる

関数 fa の実行では数値で結果が出てきますが，ここで，バリマックス回転の因子負荷の値をプロットしてみましょう。関数 fa.plot を使えば，簡単にプロットできます。ここでは紙面の都合上，第 1 因子と第 2 因子の図，第 2 因子と第 3 因子の図を別々に描いていますが，fa.plot（fa.result）だけで行うと，3 要因の行列図を描けます。引数も結果のオブジェクトの指定だけでよいので，実際はそうしたほうがいいでしょう。

【実行例 6-3】因子負荷量のプロット

```
> fa.result <- fa(set.data, nfactors=3, fm="minres", rotate="varimax")
> fa.plot(fa.result,label=colnames(set.data),choose=c(1,2),pch=1,pos=3,
+ xlim=c(0,1),ylim=c(0,1))
    #第1因子，第2因子を選択プロット
    #ラベルに列名，ラベル位置を上 (pos=3)，x,y 軸の目盛 0 ~ 1
> fa.plot(fa.result,label=colnames(set.data),choose=c(2,3),pch=1,pos=3,
+ xlim=c(0,1),ylim=c(0,1))
    #第2因子，第3因子でプロット
```

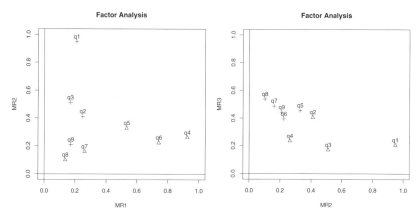

図 6-1　fa.plot 関数を用いた因子負荷量のプロット図

　いずれにしても R を使えば簡単に因子負荷量のプロット図を描くことができます。2 つの因子の因子負荷量の値によって記号が分けられています（パラメータ pch の設定によって変わります）。横軸の因子の負荷量が高い場合は△で，縦軸の因子の負荷量が高い場合が＋となり，変数間の関係がよくわかるので，解釈もしやすくなります（図 6-1）。

　因子数を 3 にすると，第 1 因子において，「興味深かった（q4）」，「もっと知りたいと思った（q5）」，「面白かった（q6）」の 3 つの変数で因子負荷量が高くなっており，因子数が 2 の際に負荷量が高かった「説明が分かりやすかった（q7）」の第 1 因子の負荷量が低くなっています。プロットした図 6-1 の左図を見ると，q4，q5，q6 が右側に離れてひとつのグループを形成しているのがわかります。このため，第 1 因子は授業内容に関心をもったということで共通して

いると判断できます。そこで「興味」因子と名付けることができそうです。

　一方，「説明が分かりやすかった（q7）」，「試験でいい点がとれそう（q8）」，「自分の理解レベルに合っていた（q9）」を左図で見ると，第1因子と第2因子いずれも低い値でひとつのグループを形成しており，右図を見ると，これらは第3因子で因子負荷量が高く，q7，q8，q9が左上にかたまっているのがわかります。これらを総合すると，理解できたということがこれらの項目の回答に影響を与えたと考えられ，第3因子を「理解」因子と判断ができそうです。

　また，因子数2の段階で明確であった第2因子は，左図でq1，q2，q3が第2因子の値が高いグループを形成していることがわかります。このようにプロットを行うことで解釈が容易になります。

　さらに，バリマックス回転では，第3因子の「知識が増えた（q2）」，「もっと知りたいと思った（q5）」においても因子負荷が高くなっています。その傾向はプロマックス回転でも同様です。この2つの項目も理解できたということが前提になっていると考えられるため，第3因子を「理解」因子とすることに問題はなさそうです。

　注意すべきことは因子負荷量の絶対値の大きな値だけを見るのではないということです。因子負荷量の絶対値が小さな値にも注目しなければなりません。因子負荷量が小さいということは，その当該の因子に対して影響力が小さいということですから，その点も考慮して因子の解釈を行う必要があります。

　たとえば，冒頭に挙げた文系・理系能力の事例において理系能力因子だと解釈したい場合，理科や数学の因子負荷量が高いことには注目しますが，社会のような文系科目の因子負荷量のほうは逆に低くなっていないといけません。このようなわかりきっているような場合は誰もが気づくのですが，観測変数が多くなってしまうと，往々にして見過ごしてしまうことがあるのです。

　表6-1での因子の解釈の場合，「興味」因子において，「他の授業に活かせる」，「試験でいい点がとれそう」は「理解」因子以外では負荷量は低くなっていました。これは興味とは関係ないものだという判断ができるからです。

6.2.2　因子間相関を見てみる

　表6-1では因子負荷量のほかに，右下に因子間相関を示しました。斜交回転

の場合は，因子間に相関があるため，斜交回転であるプロマックス回転の場合にそれを示しています。

　因子間相関は，第1因子と第2因子で.418，第2因子と第3因子で.408，第1因子と第3因子で.460となっています。相関があるということは因子軸が斜交して交わっていることを示しています。その角度は，計算するといずれもおよそ65度あたりになります[27]。因子間の相関が中程度の値を示していますので，因子の解釈においても，相互に関係性のある因子であることを意識して検討する必要があるでしょう。ここで，第1因子「興味」，第2因子「有用性」，第3因子「理解」と考えましたが，これらの3つの因子に相互に関係性があると考えられるでしょう。

6.2.3　適合度の指標による検討

　因子の解釈においては，解釈に整合性がうまくつかない場合が当然出てきます。そのため，因子分析では，抽出法や回転を見直し，さらに観測変数そのものを検討するといった試行錯誤が必要になります。

　その際，適合度の指標を検討することも必要でしょう。因子数の検討の際のvss関数の実行（実行例4-6）で，すでに適合度はいくつか計算されますが，回転によってもその指標は変わってきます。因子分析の負荷量や因子寄与などの出力のあとに，適合度の結果が出力されます。以下の実行例は因子数3でプロマックス回転を行った場合の指標を示しています。

　それぞれ注釈をつけていますので，それを参考にしてください。どの指標でもおよそ適合している値を示しています。一方，ここでは示していませんが，因子数2で行った場合，適合度の指標は悪くなります。

【実行例6-2②】プロマックス回転の例の続き（適合度の指標）

```
Mean item complexity =  1.4
Test of the hypothesis that 3 factors are sufficient.
```

---

27) 相関係数rと軸のなす角度θとの関係は，r = cos(θ) と表せます。

```
The degrees of freedom for the null model are  36  and
     the objective function was  3.774 with Chi Square of  951.739
The degrees of freedom for the model are 12  and
     the objective function was  0.066

The root mean square of the residuals (RMSR) is  0.028
```
#RMSR .05 未満であればよい
```
The df corrected root mean square of the residuals is  0.048
```
自由度調整済 RMSR .05 未満であればよい
```
The harmonic number of observations is  257 with
     the empirical chi square  14.042  with prob <  0.298
```
χ^2 値 p 値が .05 を超えること
```
The total number of observations was  257 with
     Likelihood Chi Square =  16.557  with prob <  0.167
```
χ^2 値 p 値が .05 を超えること
```
Tucker Lewis Index of factoring reliability =  0.9849
```
#TLI .90 ないし .95 を超えるとよい
```
RMSEA index =  0.0401  and the 90 % confidence intervals are  0 0.0795
```
#RMSEA .05 未満であれば適合
```
BIC =  -50.032
```
#BIC 他のモデルとの比較で低いほうがよい
```
Fit based upon off diagonal values = 0.995

Measures of factor score adequacy
```
因子得点の適合性の指標
```
                                              ML2   ML1   ML3
Correlation of (regression) scores with factors 0.990 0.997 0.818
Multiple R square of scores with factors        0.979 0.995 0.668
Minimum correlation of possible factor scores   0.958 0.990 0.337
```

6.2.4 因子構造（相関係数）も見てみる

　さらに，斜交回転では，因子負荷量（偏相関係数）である因子パターンのほかに因子構造（相関係数）も見ることができます。Rの場合，因子構造は指定しないと出力されません（実行例 6-4）。

　表 6-2 に因子構造を示しました。因子の解釈は基本的には因子負荷量を見ればいいのですが，相関係数は因子と変数との相関を示していますから，これも参考になります。

表 6-2　プロマックス回転における因子構造（相関係数）

	因子 1	因子 2	因子 3
1. 将来役に立つ	.439	.997	.413
2. 知識が増えた	.421	.539	.516
3. 他の授業に活かせる	.305	.549	.297
4. 興味深かった	.987	.471	.459
5. もっと知りたいと思った	.682	.488	.614
6. 面白かった	.842	.437	.568
7. 説明が分かりやすかった	.412	.311	.512
8. 試験でいい点がとれそう	.275	.220	.583
9. 自分の理解レベルに合っていた	.299	.320	.504

　相関係数のほうが偏相関係数よりも高い値を示しますが，たとえば，「8. 試験でいい点がとれそう」は，因子 3 の相関係数 .583 に対して因子 3 の偏相関係数（因子負荷量）.586（表 6-1）とほとんど差がありません。この項目は，因子 3 にのみ影響を受けていることがわかります。一方，「2. 知識が増えた」では，どの因子でも偏相関係数（因子負荷量）に比べて相関係数の値は高い値を示しています。3 つの因子相互に影響を受けていることが見てとれます[28]。

　ただし，因子構造（相関係数）を細かく見ていくことはかなり大変な作業になってしまいますので，実際には因子パターン（偏相関係数，因子負荷量）のほうだけで因子の解釈を行っても問題になることはないでしょう。

【実行例 6-4】因子構造の出力

```
> print(fa.result$Structure, digits=3)
# 因子構造の値が格納されている Structure を出力
Loadings:
   ML2   ML1   ML3
q1 0.439 0.997 0.413
q2 0.421 0.539 0.516
q3 0.305 0.549 0.297
q4 0.987 0.471 0.459
```

28) 項目 2 と項目 8 は相関関係があり，後述の共分散構造分析では，ここに誤差相関を設定することになります。項目 2 はどの因子にも関係性があるような因子負荷量になっていますが，誤差相関を設定することで，因子との関係性もより明確になります。

```
q5 0.682 0.488 0.614
q6 0.842 0.437 0.568
q7 0.412 0.311 0.512
q8 0.275 0.220 0.583
q9 0.299 0.320 0.504

                   ML2    ML1    ML3
SS loadings      2.945  2.485  2.293
Proportion Var   0.327  0.276  0.255
Cumulative Var   0.327  0.603  0.858
```

6.3　バイアスの排除

　因子の解釈で最も大事なのは，バイアスの排除でしょう。因子の解釈は人間が行うわけですから，どうしても主観的になってしまいます。その解釈を行う人は自分なりに予測があって因子分析を行っていますから，自分の仮説に合うように因子の解釈をしてしまいがちです。

　心理学では**確証バイアス**という現象が知られています。人間は自分にとって都合のよい情報には目を向けるのですが，そうでない情報は無視してしまうという現象です。自分の仮説を確証できる情報だけを見てしまうというバイアスです。

　自分が考えていた因子名に適合する変数の因子負荷量が高いと，そこには注目しますが，その因子名と関係がない変数の負荷量が高いのに対して目を向けなかったり，その因子名で考えるのであれば，本来因子負荷量が高くないといけない変数の負荷量が低かったことに気づかなかったりするのです。

　確証バイアスをなくすようにしないといけないのですが，なかなか人間の努力によっては難しいものです。どうしても，自分の思い込みで表面的な解釈だけになってしまいがちです。直接観測できない潜在的なものを見つけようというのが因子分析の理念ですから，表面的な解釈になってしまうとそのせっかくの理念が失われてしまいかねません。

　因子分析を行った論文などを読むと，かなり確証バイアス的な判断をしているように思えるものが少なくありません。バイアスを排除する有効なやり方があるわけではありませんが，謙虚に因子負荷量の値を見るということしかあり

ません。

6.4　解釈の専門的観点からの妥当性

　何度も繰り返すようですが，因子分析の結果として出てくるのは，因子負荷量の値だけです。その結果からどのような因子であるのかを解釈するのは人間です。しかも，そこで必要とされるのは，統計学的な知識ではありません。そのデータに関しての専門的な知識です。

　因子分析とは，ただ表面的な共通部分を探るのではなく，潜在的な要因を検討しなければなりません。その際に必要なのは，因子分析に関する統計的知識ではなく，分析対象としている領域についての専門的知識です。「○○の変数と××の変数で因子負荷量が高く，□□の変数と△△の変数で因子負荷量が低いから，この因子は，○×因子と解釈できる」ということは専門的な観点からの裏付けが必要となります。授業評価のアンケートのデータを分析する場合は授業評価についての知識が必要となります。授業評価の場合，実際に授業を行っている教員であれば，ある程度想像がつく内容ですが，体の症状から共通した原因因子を特定しようとするときは，医学的な知識がないと何が共通しているのかがわからないでしょう。そのため，決まった方法論があるわけではなく，「解釈に王道なし」と考えたほうがよいでしょう。

変数の取捨選択と分析の試行錯誤

7.1 変数の削除

　因子分析の流れでは最初に変数の選択がありますが, 実際の変数の選択は, 因子分析を試行錯誤に行いながら, 適切でない変数を削除するという形で行うことになります。

　適切でない変数とは, 共通因子の影響を受けていない変数です。因子分析は共通因子を探る分析ですので, 共通因子とは関係のない変数が含まれていると期待した結果が得られないことがあります。

　表7-1に試行錯誤に因子数を増やしていった因子分析の例を示しました（付録Cの実行例参照）。これは, 子どもの頃親が自分にどのように接してくれたかを尋ねたものです（荒武, 2016）。因子数2では共通因子に影響を受けていない項目が7, 8と2つあり, 適合度の指標も芳しくなく, 累積寄与率も低くなっています。そこで, 因子数を3にすると, 適合度は問題なく, 累積寄与率もアップしました。ただし, 項目8が全体から外れています。そこで因子数を4にしました。第4因子に項目3, 8が関与しているところが見てとれますが, 因子の解釈が難しそうです[29]。そこで, 項目8を削除し, 因子数を3に戻して分析を

---

[29] 本文では, 解釈が難しそうだとしましたが, 「過干渉的な接し方をする」因子という解釈もできそうです。いずれにしても, 専門的な立場から考える必要があります。

表7-1 因子数を2, 3, 4と増やし、最後は1項目削除し因子数3で行った例（いずれも最尤法, バリマックス回転）

質問項目		因子数 2		因子数 3			因子数 4				因子数 3		
		1	2	1	2	3	1	2	3	4	1	2	3
1. 話は具体的にするように言われた		-.088	.779	.774	-.057	-.059	-.015	.991	-.076	.084	.801	-.052	-.062
2. お願いのときは理由を言うように言われた		.022	.598	.609	-.023	.155	-.006	.461	.138	.267	.596	-.013	.149
3. 本を読むように言われた		.185	.530	.531	.226	-.015	.189	.356	-.070	.546	.512	.229	-.0023
4. キャンプに連れて行ってくれた		.908	.063	.044	.815	.277	.965	.003	.243	.063	.039	.823	.269
5. 博物館に連れって行ってくれた		.611	.079	.068	.683	.043	.573	.003	.041	.146	.061	.681	.036
6. いつも笑顔で接してくれた		.373	.032	.016	.133	.802	.155	.017	.753	.070	.021	.140	.808
7. みんなに親切だった		.287	.046	.038	.081	.652	.071	.019	.683	.107	.039	.089	.645
8. あまり注意されたことがない		-.121	-.153	-.151	-.084	-.144	-.058	-.044	-.121	-.315		（項目削除）	
RMSR	<.05	.095		.022			.007				.009		
適合度検定 (p値)	>.05	.000		.559			.692				.719		
TLI	>.90 or .95	.518		1.017			1.065				1.043		
RMSEA	<.05	.152		.000			.000				.000		
BIC lower	lower	4.878		-31.628			-9.969				-14.713		
累積寄与率 (%)	higher	34.5		46.2			53.9				52.3		

したところ，ある程度納得のいく結果が出てきました。累積寄与率は因子数 4 のときに比べて若干低下しましたが，項目を削除せずに因子数 3 で行った場合に比べて累積寄与率がアップしています。

　これで分析がうまくできたといいたいところですが，実は，ここでの因子解釈では，先に述べた忠告に従っていません。表面的に因子負荷量の数値だけを見て判断してしまっています。それは，筆者が，ここでの質問に関する専門的知識がないからです。専門的観点から見ると，第 4 因子は有効な因子で，これを考えずに 3 因子だけで解釈するのは，専門的な立場からするとせっかく見つかりそうな潜在因子を葬ってしまったのかもしれません。

　専門的な観点は重要な点ですが，とりあえず因子負荷量の値に注目して話を進めます。ここでは，項目 8 が共通因子の影響をあまり受けていないと判断してそれを削除したわけです。このように，一般には因子負荷量がどの因子にも高くならなかった場合，その変数を削除して因子分析を行うことになります。ただし，後述もしますが，ある変数が因子分析に適切でないというのは，そのときに用いた観測変数の中でそういえることであって，真の結果を必ずしも反映しているわけではないことは考えておく必要があります。

　ここでは単純のため，因子数を変えていくことだけの例を示しましたが，実際には抽出法，回転法なども含めて検討していくことになるでしょう。

7.2　単純構造を目指すのが目的ではない

　因子の解釈がしやすいのは，特定の因子にだけ負荷量が高くそれ以外の因子の負荷量が小さいという場合です。いわゆる単純構造です。因子分析を行う場合に単純構造を目指すことが目的化してしまっていますが，それは，解釈がしやすいということと，後述しますが，尺度得点を使いたいという思いがあるからです。

　因子の解釈だけの問題であれば，単純構造になっていなくても，因子負荷量の大小を勘案して因子を解釈することは可能です。たとえば，表 6-1（p.69）のバリマックス回転とプロマックス回転を比較した場合，プロマックス回転のほうが単純構造になっています。しかし，因子の解釈をする上で，バリマックス

回転のほうで解釈ができないかというとそうではありません。単純構造を目指すために，抽出法や回転法を変えて試行錯誤に行うことはかまわないですし，それによって新しい解釈が見出せるのであれば，生産的です。ある回転を行うとこれまで考えつかなかった新しい因子の解釈，新しい因子名を考えることができれば意味があります。そうでないと，あらかじめ考えていた因子の解釈に合うように恣意的に回転を変えてみただけになってしまいかねません。

この授業評価の事例の場合，因子の解釈のことだけを考えると，わざわざプロマックス回転をしなくても，バリマックス回転でも十分です。ところが，尺度得点（後述）を使おうとする場合は，明快な単純構造を示すことが求められるため，単純構造を目指すことになってしまうのです。

因子分析は，本来，単純構造を目指すことが目的ではありません。現実に私たちが観測変数として得ることができるものは，少なからず複数の因子の影響を受けているのです。

因子分析の結果をどう使うか？
尺度得点と因子得点

　潜在的な心理特性などを調べることを目的として因子分析を行った場合，調べたい因子を個々の人がどの程度有しているのかを知ることが必要になります。たとえば，ある個人が文系能力や理系能力をどの程度有しているのか，ある授業に対して，ある個人が有用性，興味，理解をどの程度に感じたのか，ある個人の購買動機でどのような要因が高いのかといった場合です。

　それを知るには大きく分けて尺度得点を使う場合と因子得点を使う場合の2つのやり方があります。

8.1　尺度得点

　尺度得点とは，因子に影響を受けていると考えられる観測変数の値を単純に合計するやり方です。表8-1に授業評価アンケートの場合の尺度得点の例を示しています。ある個人が，9つの項目に対して，表に示したように回答をしたとします。ここで，3つの因子にそれぞれ3つの項目が対応しており，それぞれの回答を合計したものが尺度得点となります。このとき，どの項目がどの因子になるかは，表6-1（p.69）のプロマックス回転の因子負荷量に基づいて判断しています。各項目で最も因子負荷量が高い因子に対応するという判断です。

　この方法では，因子からの影響をall or nothingで考えることになります。したがって，因子からの影響の強さ，つまり因子負荷量の値の高低を無視してしまうやり方になってしまう欠点をもっています。その無視してしまう程度が少

ないことを示したいために，単純構造を目指すことになってしまっているのです。

　単純でわかりやすく，特定の特性を調べるために開発された質問紙などではこの方法がとられます。開発段階で一度因子分析を行って，どの観測変数がどの因子から影響を受けるかが明確になっていれば，データをとるたびに因子分析をせずに，観測変数の合計を使えることになります。このやり方は，こういった質問紙で下位尺度の得点を算出する場合に使われますので，尺度得点という言い方がなされます。

表 8-1　尺度得点の例

因子	質問項目	回答	尺度得点	α 係数
「有用性」因子	1.　将来役に立つ	4	12	.716
	2.　知識が増えた	3		
	3.　他の授業に活かせる	5		
「興味」因子	4.　興味深かった	5	14	.887
	5.　もっと知りたいと思った	4		
	6.　面白かった	5		
「理解」因子	7.　説明が分かりやすかった	5	13	.560
	8.　試験でいい点がとれそう	4		
	9.　自分の理解レベルに合っていた	4		

　以下に尺度得点を計算させ，それをデータフレームに結合して，CSV ファイルとして書き出す例を示します。関数 apply を使えばデータフレームの特定の列に対して指定した処理を適用できます。ここでは合計（sum）を実行させています。それらで計算したものを元のデータ（set.data）と関数 cbind を使って結合させ，オブジェクト score.data に格納しました。それを write.csv 関数を使ってファイルに書き出しています。

【実行例 8-1】尺度得点の計算とファイルへの出力

```
> m1 <- apply(set.data[c(1,2,3)], 1, sum)
  # 第一引数：set.data の 1，2，3 列のデータを指定
  # 第二引数：処理の対象の指定　1：行，2：列
  # 第三引数：処理の内容 sum を指定して合計を
```

```
> m2 <- apply(set.data[c(4,5,6)], 1, sum)
> m3 <- apply(set.data[c(7,8,9)], 1, sum)
    #4，5，6 列の行単位の合計，7，8，9 列の行単位の合計も同様に

> score.data <- cbind(set.data,m1,m2,m3)
    #set.data，m1，m2，m3 を結合し，score.data に代入
> head(score.data)
    # 内容確認
  q1 q2 q3 q4 q5 q6 q7 q8 q9 m1 m2 m3
1  3  4  3  3  4  4  5  5  5 10 11 15
2  4  4  3  4  4  3  4  4  4 11 11 12
3  4  5  3  5  5  5  5  5  5 12 15 15
4  3  4  1  4  3  5  2  5  2  8 12  9
5  4  4  3  4  4  4  4  5  5 11 12 14
6  3  4  1  3  3  3  3  5  3  8  9 11
> write.csv(score.data,"g:/test.csv")
        # 結合したファイルを CSV 形式で書き出す
```

　尺度得点を使う場合に，クロンバックの α 係数（Cronbach's alpha）を算出することがあります。R では，次のように項目を指定して関数 alpha（パッケージ psych に所収）を使って算出できます。この例ではいろいろな出力の仕方を試しています。出力ではローデータによる係数と標準化された場合の係数が算出されますが，項目の値を標準化しないのであれば，前者を使うことになります。表 8-1 に raw_alpha として出力された値を示しています。

【実行例 8-2】アルファ係数の算出

```
> alpha(set.data[c(1,2,3)])
    # データの項目 1，2，3 を指定し，関数 alpha を使用
Reliability analysis
Call: alpha(x = set.data[c(1, 2, 3)])

  raw_alpha std.alpha G6(smc) average_r S/N  ase mean   sd median_r
      0.72      0.72    0.66      0.47 2.6 0.031  3.4 0.78     0.54

 lower alpha upper     95% confidence boundaries
0.66 0.72 0.78

… （以下略）

> alpha(set.data[c(4,5,6)])$total
    #$total を指定すると α 係数だけ出力。桁数も多く出力可
 raw_alpha std.alpha  G6(smc) average_r       S/N        ase
 0.887059 0.8873682 0.8543661 0.7242263 7.878483 0.01252134
```

```
      mean        sd  median_r
 4.111543 0.8050464 0.6838311
> alpha(set.data[7:9])$total
# データ列の指定の仕方を変えた
 raw_alpha std.alpha   G6(smc) average_r       S/N       ase      mean
 0.5606296 0.5647205 0.4681177 0.3018993 1.297374 0.0452352 3.992218
        sd  median_r
 0.5742824 0.2873191
```

8.1.1　単純構造の基準をどう決めるか？

　尺度得点を算出する場合には，ある変数が特定の因子にだけ関係があると言い切ってしまうわけですから，単純構造が明確になっていなければなりません。

　ここで示した例は，表6-1のプロマックス回転の結果をもとにしていますが，バリマックス回転の結果を見ると単純構造になっていません。たとえば，「2. 知識が増えた」の変数では第2因子の負荷量が.411で第3因子の負荷量が.406となっており，どちらの因子からも同じ程度の影響を受けていると考えられます。そこで，ここでは回転法をプロマックス回転で行ってみて，単純構造になるようにしたわけです。このように，抽出法や回転法，因子の数などを試行錯誤に変えて，単純構造になるようにしていく必要があります。

　プロマックス回転によって，第2因子の負荷量は.358，第3因子の負荷量が.311と，差は大きくなりました。これで単純構造になったと判断してよいのでしょうか？　この負荷量の値から「2. 知識が増えた」は第3因子「理解」因子とは関係がなく，第2因子「興味」因子とのみ関係があると結論づけてしまってよいのかということです。

　一般には，特定のひとつの因子に対してのみ，ある数値以上の値になったときに単純構造と判断するのですが，その数値の基準が明確に決まっているわけではありません。絶対値で.40以上であるとか.35以上であるとか，分析者が恣意的に決めているようです。この場合，.40以上という基準をとってしまうと単純構造になっているとはいえませんが，.35以上と考えると単純構造だといえるでしょう。また，関係があると考えている因子以外の因子の値は逆に十分に低くないといけません。この場合，第3因子が.311と決して低くない値となっており，この基準をどう決めるのかが難しくなります。

このように，結果的に分析者が都合のよいように恣意的に基準を決めてしまうこともあります。いずれにしても，尺度得点を使う場合，因子との関係性の有無を示す明確な数値上の基準をどう定めたかが問われます。

8.1.2 変数の確保と削除

どのように抽出法や回転法を変えても，うまく単純構造にならない変数が残ってしまうことがあります。その場合，その観測変数を分析から削除してしまうことがあります。単純構造を目指す場合，複数の因子からの影響が大きかったり（因子負荷量が複数の因子に対して高い），因子からの影響が小さかったりした場合（因子負荷量がどの因子に対しても低い）は，それらの観測変数は使えず，削除せざるをえません。

ただし，尺度得点を使う場合，ひとつの因子に対応する変数が最低でも3つは必要で，変数を削除してしまって3つを下回ってしまうわけにはいきません。そのため，観測変数をある程度確保しておく必要があります。

先ほど見た表 6-1 のバリマックス回転の「2. 知識が増えた」の変数では，第2因子に負荷量 .411，第3因子に負荷量 .406 となっており，複数の因子に高い負荷量を示しており，削除の対象になってしまいます。そこで，回転法を変えて，削除対象になることを回避したわけです。

ただし，数が揃えばいいわけではありません。後述しますが，観測変数がある程度の数確保できているものでも，似たような観測変数を多く準備した結果であれば，見かけ上の因子を抽出しただけで，本当にその因子が抽出できたといえるのかが問題となってしまいます。

8.2 因子得点

因子得点がどのようなものであるか理解するためには，因子分析の各観測変数，因子負荷量，因子得点の関係がどのようになっているのかをある程度理解しておく必要があります。因子分析は，以下の式 8.1 のように定義されるものです。

観測変数　＝　第 1 因子の負荷量 × 第 1 因子得点 ＋

第 2 因子の負荷量 × 第 2 因子得点 ＋

…＋誤差（独自因子）　　　　　　　　　　(8.1)

　因子分析は，観測変数が共通の複数の因子によって決まると考え，その因子の影響の度合いを示すのが因子負荷量です。そして各観測データがそれぞれ有している因子の値（因子得点）にその影響の度合いである負荷量を掛け合わせたものの合計が観測データとなると考えるものです。

　具体例として，5 教科の科目の点数が文系因子と理系因子の共通因子によって影響されるという場合で考えてみましょう。

　ある A さんの国語の点数は式 8.2 のように表現されます。A さんの文系能力が文系因子の因子得点，理系能力が理系因子の因子得点で表されます。このとき，どの程度国語の点数に対して文系能力と理系能力が影響を与えるかが因子負荷量で，各因子得点の重みづけとして表現されています。

　式の最後に「誤差（独自因子）」がありますが，これは共通因子以外の要因です。国語の点数は理系能力と文系能力だけで決まるものではなく，国語独自のほかの要因も考えられるはずです。それが独自因子となります。重要な要因なのですが，先に説明しましたように，因子分析は共通因子を探る分析ですので，独自因子は基本的には誤差として処理されます。以下，社会，英語，数学，理科も同じように考えられます。このように，因子得点とは，各ケースごとにそれぞれ算出されるものです。

　A さんの国語　＝　国語の文系因子の負荷量× A さんの文系因子得点 ＋

国語の理系因子の負荷量× A さんの理系因子得点 ＋

誤差（独自因子）　　　　　　　　　　(8.2)

　今度は具体的な数値で，A さんの英語の場合を考えてみます。因子分析では，数値は標準化（データを平均 0，標準偏差 1 になるように変換する）されますので，ここでも標準化された値で示しています。英語の点数 62（標準化された点数 0.113）は，文系能力因子得点（.532）と文系能力因子負荷量（.397）の積，

理系能力因子得点（-.024）と理系能力の因子負荷量（.178）の積の合計となります。因子負荷量の値は表 1-2（p.4）の値を使っています。それに独自因子の部分が加わります（式 8.3）。

A さんの英語（標準化値）0.113
＝　英語の文系因子の負荷量 .397 × A さんの文系因子得点 .532 ＋
　　英語の理系因子の負荷量 .178 × A さんの理系因子得点 -.024 ＋
　　誤差（独自因子）-.094　　　　　　　　　　　　　　　　　　　　　　　(8.3)

　図 8-1 では，この計算を図式化しました。表 8-2 では A さんの科目の点数と因子得点を挙げました。この中に今例示した英語の点数も含まれています。因子得点，因子負荷量，独自因子から，観測変数が式の通り計算されることを示しています。

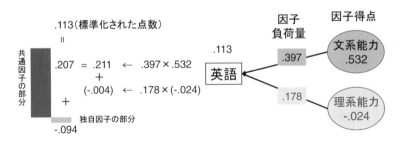

図 8-1　因子得点，因子負荷量，共通因子，独自因子の関係

左のバーの高さは共通因子の部分と独自因子の部分の値を示しており，独自因子の部分がマイナスであるため，その差分が英語の点数（標準化された点数）となる。

　ここまでの説明では因子得点があらかじめわかっているかのように説明してきましたが，因子得点は，因子分析で因子負荷量が算出されたあとに，推測して算出するのです。ただし，因子得点は，残念ながら与えられたデータから一意に定めることができず，推定を行うしかありません。推定を行う方法がいくつかあります[30]。観測変数の実際の値と因子負荷量の値から個々のデータごと

---

30) 関数 fa 実行時に引数 scores ＝で推定方法を指定可能。

表8-2　Aさんの5つの科目の評価（観測変数）と標準化点数，因子得点（因子負荷量は再掲）

科目	点数	標準化点数	文系因子の部分	理系因子の部分	独自因子（誤差）の部分	因子負荷量 文系因子	理系因子
国語	67	0.573	0.512	-0.003	0.064	.963	.106
社会	51	-0.916	0.220	-0.005	-1.131	.414	.197
英語	62	0.113	0.211	-0.004	-0.094	.397	.178
数学	50	-0.036	0.091	-0.022	-0.105	.171	.896
理科	64	0.690	0.137	-0.016	0.569	.257	.655
	因子得点		0.532	-0.024			

に因子得点という解を求めていくには一意に特定ができません。

　Rの場合以下のように行えば因子得点の算出が可能です。最初はデータの確認のために，元のデータを表示させ，それを標準化（関数 scale を利用）した値を表示させました。ここまでは確認のために行っただけですので，実際に因子得点の計算は，次の2ステップで OK です。因子得点の計算は因子分析の結果をオブジェクトに代入し，そのオブジェクトの中の因子得点の値 $scores をオブジェクトの後に指定して表示させています。

　あとは，必要に応じて尺度得点の実行例 8-1 で示したように，元のデータと結合しファイルに書き出すことも可能です。

【実行例 8-3】因子得点の算出例

```
> head(five.data, n=4)
　# 分析するデータの確認. 最初の4人だけ出力（関数 head を使う）. Aさんは最初のデータ
  国語 社会 英語 数学 理科
1  67  51  62  50  64
2  46  58  71  70  55
3  39  41  41  59  61
4  65  99  89  63  80
> head(scale(five.data), n=4)
　# 分析するデータの標準化. 関数 scale を使う. Aさんは最初のデータ
         国語        社会        英語        数学       理科
[1,]  0.5731311 -0.9166013  0.1132119 -0.03575694 0.6901377
[2,] -1.2192828 -0.4440550  0.5908814  0.82700235 0.2541740
[3,] -1.8167541 -1.5916675 -1.0013503  0.35248474 0.5448165
[4,]  0.4024250  2.3237165  1.5462205  0.52503660 1.4651842
> s5.result <- fa(five.data, nfactors=2, rotate="varimax")
　# 因子分析を実行. 結果は, オブジェクト s5.result に格納
```

```
> head(s5.result$scores, n=4)
 # 因子得点を出力する. 値 scores を指定. A さんは最初のデータ
          MR1         MR2
[1,]  0.5317416 -0.02410815
[2,] -1.2498599  0.94595990
[3,] -1.8574545  0.66527487
[4,]  0.4366432  0.71961869
```

　因子得点というのは，因子分析の基本的な定義通りのものですので，尺度得
点とは違い，因子からの影響の程度，つまり因子負荷量の値を考慮して因子得
点が定められます。さらに，因子負荷量が極端に低くない限り観測変数を削除
する必要もありません。複数の因子に因子負荷量が高くても問題ではありませ
ん。単純構造になったほうが解釈はしやすいですが，単純構造でなくても問題
はありません。

8.3　因子得点と尺度得点のどちらを使うか？

　どちらの得点を使うかは，どのような目的で因子分析を行うかによって異
なってきます。

　たとえば，質問紙の開発の目的で下位尺度を検討するような場合は，尺度得
点を使うことになります。因子得点を使う場合には，因子分析を行ったデータ
が必要ですから，開発時には因子分析を行うものの，開発後にそれを利用する
段階では，因子分析を行うわけではありませんので，尺度得点を使うことにな
ります。

　しかし，テストから文系や理系の能力を調べる場合，テストを行うたびに因
子分析をやってもかまいませんので，因子得点が使えます。また，一度きりの
データ分析で完結する場合も因子得点を使うことも可能です。このような場合，
因子得点でも尺度得点も使えます。ただ，尺度得点を使う場合，単純構造にな
らないと使えません。単純構造になるように観測変数を取捨選択することもで
きますが，調べたい内容によっては単純構造にならない場合があります。

　たとえば，顧客購買データの中で，高級食材の購入が観測変数としてあった
とします。これが高級志向因子，食欲求因子という2つの因子から影響を受け
ていたとします。このとき，2つの因子ともに因子負荷量が高くなると考えら

れます（図8-2）。尺度得点を使いたく
て単純構造を目指そうとすると，この
変数は削除の憂目を見てしまうことに
なります。しかし，2つの因子から影
響を受けているというだけでこの観測
変数を削除してしまっていいわけでは
ありません。

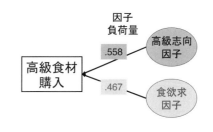

図 8-2 複数の因子に因子負荷量が高い例

　具体的な行動や自然現象として観測
されるデータは必ず複数の因子の影響を受けているわけですから，それらを排
除していくと何も残らなくなってしまいます。

　質問紙などの場合，質問紙を実施する前に，項目の選定，ワーディング，予
備調査など十分な吟味を行い，質問項目を工夫してなんとかしのげるかもしれ
ません。しかし，質問項目の工夫といえば聞こえはいいですが，工夫して本当
に尋ねたいと思っていることを尋ねたことになっているのかの検討が必要です。
その妥当性は因子分析によって確かめられるわけではありません。

　因子分析の神髄は，本来観測変数が複数の因子に影響を受けているから，そ
こからその共通因子を探っていくという多因子モデルであるはずですから，尺
度得点を使いたいがためにいたずらに単純構造を目指すことが必ずしも望まれ
ることではありません。

他の分析との違い

　因子分析は多変量解析のひとつです。類似した多変量解析がありますが，それらとどのように違うのかを理解しておく必要があります[31]。

9.1　主成分分析との違い

　因子分析と非常によく似た分析が**主成分分析**です。他の統計ソフトなどでは同じ分類に入っていることが多く，主成分分析は因子分析の仲間だと思われているところもあります。しかし実際には考え方が全く異なります。

　主成分分析は観測変数から合成の変数を作り出すのに対して，因子分析は潜在的な共通因子を探る分析です。変数の間の関係性を矢印などで示すパス図を描くとその違いは一目瞭然です（図 9-1）。主成分分析での主成分（因子に相当するもの）は，観測変数からの矢印であるのに対して，因子分析での潜在因子は，観測変数への矢印になっています。Rでの主成分分析の実行例を次に示しました。関数 principal を使うことで実行できます（実行例 9-1）。

【実行例 9-1】主成分分析の例

```
> pc.result <- principal(five.data, nfactors=2, rotate="none")
```

31）詳細は松尾・中村（2002）を読んでみてください。

```
# 関数 principal を使い，成分数を 2 に指定して分析．回転はさせない
> print(pc.result$loadings, digits=3, cutoff=0)
Loadings:
      PC1    PC2
国語  0.710  0.441
社会  0.601  0.364
英語  0.574  0.412
数学  0.729 -0.534
理科  0.744 -0.509

                 PC1   PC2
SS loadings     2.279 1.041
Proportion Var  0.456 0.208
Cumulative Var  0.456 0.664
```

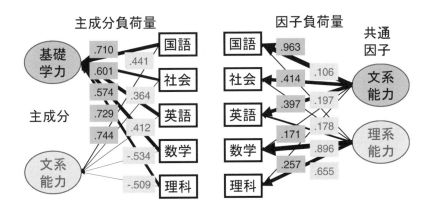

図 9-1　主成分分析と因子分析の違い

矢印は右から左に描かれており，主成分分析（左図）は観測変数から主成分に矢印が
描かれているのに対し，因子分析は共通因子から観測変数に矢印が伸びている。

　主成分分析は，文字通り主たる成分を抽出するのであり，できる限り共通し
た成分を取り出すことに目的があります。一方，因子分析は共通した部分を上
手に複数の因子に分けていくという分析です。ここで行った主成分分析を解釈
すると，第 1 主成分は各教科に対しての成分負荷量が高い値を示していますの
で，基礎学力成分といった解釈ができるでしょう。第 2 成分は解釈が難しく，文
系の科目では成分負荷が高く理系の科目でマイナスになっており，文系能力と
考えてよいかもしれません。

9.2 共分散構造分析との違い

　因子分析は，どのような共通因子があるのかわからないのでそれを探ること
が目的です。実際に分析をするときには，ある程度どのような因子が存在する
のかは予測ができているはずですが，原則としては未知の因子を探るという分
析です。

　しかし，あらかじめわかっているのならば，わかっている関係をモデル化し
てデータが当てはまるかどうか分析を行ってもよいと考えられます。実際に，因
子分析も，因子数をいくつにするかをある基準によって決めた上，それらの因
子と観測変数との関係のモデルを作り，そのモデルにデータを当てはめている
にすぎません。

　場合によっては，因子の数も最初から決めて行うことも考えられます。さら
に突っ込んで，どの観測変数がどの因子に関わるかも決めておくことも考えら
れます。そのような分析を**検証的因子分析**といいます。それに対してこれまで
説明してきた因子分析は**探索的因子分析**といわれます。探索的因子分析がすべ

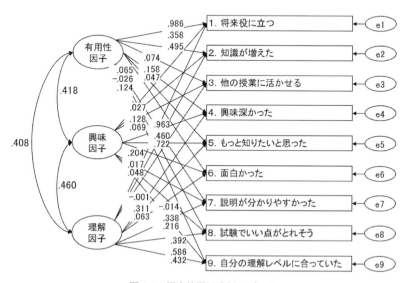

図 9-2　探索的因子分析のパス図

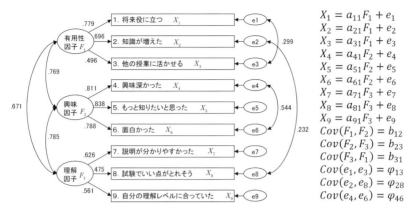

$$X_1 = a_{11}F_1 + e_1$$
$$X_2 = a_{21}F_1 + e_2$$
$$X_3 = a_{31}F_1 + e_3$$
$$X_4 = a_{41}F_2 + e_4$$
$$X_5 = a_{51}F_2 + e_5$$
$$X_6 = a_{61}F_2 + e_6$$
$$X_7 = a_{71}F_3 + e_7$$
$$X_8 = a_{81}F_3 + e_8$$
$$X_9 = a_{91}F_3 + e_9$$
$$Cov(F_1, F_2) = b_{12}$$
$$Cov(F_2, F_3) = b_{23}$$
$$Cov(F_3, F_1) = b_{31}$$
$$Cov(e_1, e_3) = \varphi_{13}$$
$$Cov(e_2, e_8) = \varphi_{28}$$
$$Cov(e_4, e_6) = \varphi_{46}$$

図 9-3　検証的因子分析のパス図

3つの潜在因子と観測変数の関係以外に観測変数間に3つの誤差相関を仮定したモデル。

表 9-1　探索的因子分析と検証的因子分析の違い

	探索的因子分析	検証的因子分析
因子抽出法	指定する	―
因子の数	指定する	仮説に基づいて指定する
観測変数と因子との関わり（パス）	指定しない	仮説に基づいて指定する
因子軸の回転	指定する	―

てのパスを仮定している（図 9-2）のに対して，検証的因子分析では，関連が
あると思われるところだけにパスを引いており（図 9-3），このパス図でデータ
がうまく適合するかどうか検証をするものです。

　同じ因子分析という名称がついていますが，考え方は基本的に異なります。分
析のやり方も違い（表 9-1），使えるソフトウェアも違います。検証的因子分析
は，一般に因子分析（探索的因子分析）ができると銘打っているソフトウェア
では利用できないことのほうが多いです。検証的因子分析というのは，ここで
説明する共分散構造分析の仲間ですので，共分散構造分析が使えるソフトでな
いと利用できません。

　Rの場合も因子分析の関数 fa では検証的因子分析はできません。パッケージ
lavaan を読み込むことで，検証的因子分析や共分散構造分析ができます。モデ

ルの指定の仕方やパス図の作成も，式を書いたり関数での指定が必要ですが，慣れれば Amos[32]などよりも簡単にできます[33]（付録 C の実行例参照）。

　検証的因子分析においては，観測変数と潜在因子のパス図の関係は基本的に因子分析の枠組み内の構造です。しかし，この関係性の決め方を因子分析の枠組みを超えて自由に行い，それがデータに適合するかどうか分析することも可能です。そのようなやり方で分析を行っていくのを総称して，**共分散構造分析**といいます。共分散構造分析は，変数間の関係の構造をあらかじめ決めてその構造にうまくデータが適合するかどうかを分析するやり方で，その適合するかどうかの評価に共分散を用いるため，このような言い方をしています。別の言い方として**構造方程式モデリング（Structural Equation Modeling；SEM）**という言い方がありますが，この表現のほうが実態を理解しやすいかもしれません。変数間の関係を構造方程式や測定方程式という形で表現したモデルを作り，そのモデルにデータが合致するかどうかを分析していくということです。図9-3や図 9-4 には，そのモデルの式を併記しています。

　パス図を描く場合，観測変数や因子に対してパスが向かっている（矢印が入り込む）形になっている場合，誤差がそこに含まれることを仮定して誤差変数を明記します（e1, e2, e3…, d1, d2 と表記）。

　図 9-3 の検証的因子分析の実行例は，その誤差の間に相関を仮定しています。「知識が増えた」と「試験でいい点がとれそう」の間，「興味深かった」と「面白かった」の間です。これらは共通因子とは異なる要因において相互に関係性をもっていることを示しています。確かにこれらは相互に関係性が見られると考えられそうです。

　図 9-4 には，共分散構造分析の別のモデルを示しました。多重指標モデルといわれるものです。共分散構造分析の中には名称がついた代表的なモデルが存在しますが，それに囚われることなく，変数間の関係は自由に仮定できます。

　共分散構造分析は，自由にモデルを決められるという点では魅力的ですが，そ

---

32) 共分散構造分析を，パス図を描きながら分析できる代表的な市販ソフト。
33) 市販の解説書（豊田，2014）を参考にするとよいでしょう。

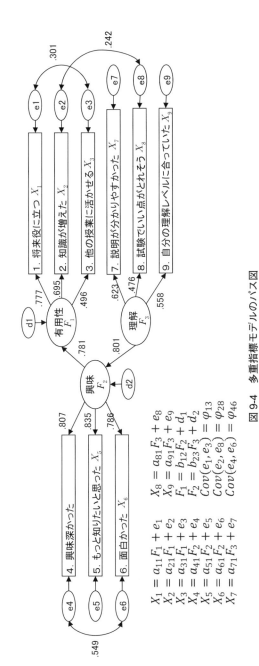

図 9-4　多重指標モデルのパス図

検証的因子分析と異なり，潜在因子間の関係性を自由に設定してある。

$X_1 = a_{11}F_1 + e_1$
$X_2 = a_{21}F_1 + e_2$
$X_3 = a_{31}F_1 + e_3$
$X_4 = a_{41}F_2 + e_4$
$X_5 = a_{51}F_2 + e_5$
$X_6 = a_{61}F_2 + e_6$
$X_7 = a_{71}F_3 + e_7$

$X_8 = a_{81}F_3 + e_8$
$X_9 = a_{91}F_3 + e_9$
$F_1 = b_{12}F_2 + d_1$
$F_2 = b_{23}F_3 + d_2$
$Cov(e_1, e_3) = \varphi_{13}$
$Cov(e_2, e_8) = \varphi_{28}$
$Cov(e_4, e_6) = \varphi_{46}$

のモデルがデータにうまく適合しないと意味がありません。実際に分析をしようとすると適合するモデルをうまく構築するのがかなり難しく，思い通りの結果が出ないこともあります。

　共分散構造分析があれば因子分析も必要ないように思われるかもしれませんが，探索的に潜在変数や観測変数の関係を探っていく上で（探索的）因子分析は必要な分析となります。たとえば，検証的因子分析のモデルを作る場合，一般的には探索的因子分析を行ってモデルを作ることが多いようです。

10

因子分析を過信しない

　一般に多変量解析を行うと難しい分析を行ったという達成感があり，それだけに威光効果があります。そのため，因子分析をしたというだけで結果が権威づけられてしまいます。そして，数量化したということだけで客観的だと思われてしまいます。しかし，統計分析全般にいえることですが，統計で示すことで客観的になるわけではないことを十分に考えておく必要があります。因子分析を過信しすぎてはいけません。

10.1　変数がすべてを決める

　因子分析は，取り上げた観測変数で測定された世界だけの話です。実際に取り上げた観測変数が，測定したいと考えている世界を反映しているかどうか保証されているわけではありません。因子分析を行うと，妥当性が保証されたかのような誤解を生むことがあります。実際には妥当性が保証されるわけではありません。

　表 10-1 は，これまでに例として挙げてきた授業評価の 9 項目に新たに 1 項目を付加して因子分析を行った例です（付録 C の実行例参照）。10 項目めの「ホームページは役立った」という項目はどの因子にも因子負荷量が高くありません。このような場合，この項目に関する共通因子は存在していないとして処理される可能性があります。

　しかし，本来存在しているはずの因子があるのに，それを反映する観測変数

表 10-1　項目や因子数を変えた場合の因子負荷量（松尾，2010c を一部改変）

項目と因子数	10 項目 3 因子抽出◇			12 項目 4 因子抽出			
	因子 1	因子 2	因子 3	因子 1	因子 2	因子 3	因子 4
質問項目	興味	有用性	理解？	興味	有用性	理解	教材準備？
1.　将来役に立つ	.252	**.936**	.237	.217	**.904**	.219	.036
2.　知識が増えた	.213	.393	**.440**	.240	**.420**	**.404**	-.024
3.　他の授業に活かせる	.191	**.492**	.200	.173	**.536**	.164	-.043
4.　興味深かった	**.882**	.199	.354	**.903**	.272	.233	.013
5.　もっと知りたいと思った	**.508**	.289	**.505**	**.535**	.335	**.443**	.065
6.　面白かった	**.713**	.167	**.473**	**.755**	.223	.376	.015
7.　説明が分かりやすかった	.218	.136	**.516**	.294	.160	**.452**	-.036
8.　試験でいい点がとれそう	.052	.089	**.564**	.117	.092	**.563**	-.007
9.　自分の理解レベルに合っていた	.147	.196	**.443**	.174	.211	**.437**	.066
10.　ホームページは役立った	.103	.056	-.003	.077	.059	-.019	**.916**
11.　架空の項目				.038	-.041	-.040	.342
12.　架空の項目				-.074	.011	.080	**.440**

　いずれも，因子抽出法は重みづけのない最小二乗法，回転はバリマックス回転を利用。
　◇　因子 2 と因子 3 は抽出順序は逆であったが，比較しやすいようにこの順序とした。

が少なかっただけかもしれません。そこで，さらに 2 項目（架空の項目）を増やして分析を行ってみました。そうすると，4 番めとして新たな因子が想定されそうです。この第 4 因子は教材の準備に関する因子であると解釈できそうです。しかし，ここで付加した 2 項目は架空の項目ですので，実際にはこのような 2 項目が付加されることはなく，ここで想定されそうな因子は一切日の目を見ないことになってしまいます。

　ということは，因子が存在するはずであっても観測変数が不十分であれば因子が見つからないことがあるということです。一方，本来存在しないはずなのに因子が見つかることもあります。観測変数が不適切であれば架空の因子があたかも存在していたかのように分析結果が出てくることもありえます。

　図 10-1 では，調べたい対象世界を因子分析した場合に，因子 B，因子 D，因子 E の 3 つの因子が抽出されたことを示しています。このときに使った観測変数が 11 あります。そして，対象世界には本当は因子 A，因子 B，因子 C，因子 E が存在していることを示しています。その因子分析の結果を表 10-2 に示しました。しかし，因子 A はそれに対応する観測変数がひとつしかなかったために

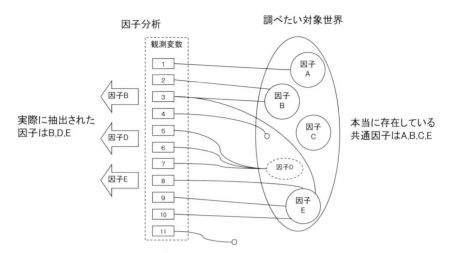

図 10-1 実際に調べたい世界を反映できるわけではない（松尾，2010c）

表 10-2 観測変数と各因子の因子負荷量の関係（架空のデータ）

観測変数	因子 A	因子 B	因子 C	因子 D	因子 E
1	**.624**	.163	.176	.145	.195
2	.112	**.898**	.179	.025	.268
3	.190	**.561**	.334	.165	.355
4	.360	.300	.316	.156	.174
5	.112	.117	.072	**.651**	.103
6	.113	-.025	-.011	**.756**	-.116
7	.044	.087	.341	**.660**	.055
8	.029	.257	.394	.054	**.463**
9	.169	.170	.062	-.099	**.571**
10	.133	.245	.153	.064	**.842**
11	.039	.097	-.075	.120	.070
(12)	**.513**	.255	.187	.038	.135
(13)	**.779**	.268	.192	.034	.224

因子として抽出できませんでした。因子Cはそれに対応する観測変数が全くな
かったことを示しています。逆に因子Dは要因としての存在が認められるにす
ぎないにもかかわらず，あたかも共通の因子が存在したかのような因子分析の
結果となっています。同じような内容の観測変数を設けてしまったために，本

来存在しえないであろう共通因子が出てきてしまったという例です。

　因子分析は共通因子を探る分析ですので，複数の観測変数に共通している因子でないとはじかれてしまいます。そのため，ひとつの観測変数にしか影響を与えない因子ははじかれることになるのですが，その要因自体が存在していないのではありません。観測変数が調べたい対象世界を十分に反映していることが確認できれば，その要因の存在は確かなものです。先に述べた「ホームページは役立った」が「教材の準備」因子に影響を与えており，「教材の準備」が授業のパフォーマンスに影響を与える要因となりえるのであれば，因子分析の共通因子として抽出されなくても，授業評価に「授業の準備」の要因の存在があるということはいえるでしょう。

　このような結果になってしまうのは観測変数の吟味が不十分であったためです。しかし，現実には分析者がその不十分さに気づくのは難しいのです。因子の解釈の段階においても，あらかじめ想定した枠組みで因子を解釈しやすく，確証バイアス的な判断がなされてしまいます。そのためには対象領域についての専門的な知識が必要であることは当然のことですが，それ以上にそれを客観的に見つめることができる眼が必要となります。

10.2　統計だけ厳密ではダメ

　統計を利用して数値を扱うと説得力が出てきます。数値の大きい小さいで示されると反論の余地がなくなってしまいます。数値であれば客観的です。しかし，客観的であるというのは統計分析をどのように行ったのかの記述において客観的であるにすぎません。調べたい現象や概念を数量化する段階が客観的であることが保証されているわけではありません。また，出てきた統計結果の解釈が客観的であることも保証されているわけではありません。これは因子分析に限らず，すべての統

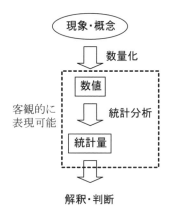

図 10-2　客観的なのは統計分析だけ（松尾，2011）

計分析においていえることです（図 10-2）。

　因子分析の場合で考えると，現象や概念を適切に表している観測変数になっているかどうかという点がまず問われます。先に述べたように因子分析は観測変数ですべてが決まってしまいます。適切な観測変数でないと，どんなに厳密な因子分析を行ったとしても意味がありません。次に大切なのは，因子負荷量から因子名を決める際に偏りのない判断ができるかどうかです。このとき，偏った判断がなされてしまう可能性もあります。さらに，因子分析のプロセスにおいては，分析者の都合のよいように，抽出法，因子の数，回転を決めることができるわけですから，因子分析で出てくる答えはいくつもあり，分析者がその中のひとつを恣意的に選択したものを分析結果としているにすぎないということを理解しておく必要があります。

　因子分析を行う上で必要なこととして，ツールとしての因子分析の使い方の知識と対象領域についての専門的な知識の 2 つを挙げましたが，数量化の段階や解釈の段階で必要なのは対象領域の専門的知識です。統計をうまく使いこなせるかは統計ツールの使い方も大事なのですが，対象領域の専門的な知識がいかに大事かを肝に銘じておくべきでしょう。

Rの補足と注意点

ここでは，本文では説明しなかった R の便利な機能や理解しておいたほうが
よい点などについて補足したいと思います。

A.1　R におけるデータのタイプ，演算，データ構造

因子分析などの統計分析を行う上で知っておけばよい範囲で説明を行います
ので，詳細は他の書籍やネット上の情報を参照してください。

データのタイプ

因子分析を行う場合，基本的には数値データしか扱わないのですが，それ以
外で知っておくとよいのは文字型と論理型です。それを表 A-1 にまとめてみま
した。データのタイプを知るには関数 class で確認できます。

表 A-1　データのタイプ

タイプ	表記等	式等の表現	データフレームでの使用例
数値型 numeric	数値表現	数式で利用可能	列番号や行番号として指定
文字型 character	引用符で囲む	文字列関数を利用	列名（変数名）としての指定
論理型 logical	論理式で表現	論理計算が可能 （TRUE または FALSE を値としてもつ）	条件を指定して抽出

```
┌─ データタイプの種類 ─────────────────────
│
│  > x <- 3
│  > y <- 5.4
│  > x + y  #数値データは計算ができる
│  [1] 8.4
│  > x - 5
│  [1] -2
│  > head(five.data[x])  #x で列の番号を指定．3番目の英語が抽出
│    英語
│  1  62
```

```
2     71
3     41
4     89
5     38
6     68
> class(x)  # 関数 class でデータタイプを確認
[1] "numeric"
> s1 <- " 国語 "
> s2 <- " 英語 "
> head(five.data[s1])  #s1（国語）で列名を指定
  国語
1     67
2     46
3     39
4     65
5     68
6     63
> paste(s1,s2, sep="")  # 文字列の結合には paste 関数を使う
[1] " 国語英語 "
> paste(s1,s2," 数学 ", sep=",")  #sep で区切りを指定
[1] " 国語 , 英語 , 数学 "
> class(s1)  # 関数 class でデータタイプを確認
[1] "character"
> s1 == " 国語 "  # 論理式が正しければ
[1] TRUE
> x != 3  # 論理式は正しくないので
[1] FALSE
> subset(five.data, 数学 ==100 & 理科 >=90)
# 関数 subset を使い論理式を満たすデータだけ抽出
# ここでは数学が 100 点かつ理科が 90 点以上の人を指定
#five.data[five.data$ 数学 ==100 & five.data$ 理科 >=90,] とすることもできる
    国語  社会  英語  数学  理科
22    66    76    51   100    90
30    72    94    83   100   100
134   73    63    86   100   100
> sw <- (y == 5.4)  # 論理式の正誤が sw に代入される
> sw  # 論理値が出力される
[1] TRUE
> class(sw)  # 関数 class でデータタイプを確認
[1] "logical"
```

演算

　以下に主要な演算子を紹介します（表 A-2）。比較演算は論理式として使えます。

表 A-2　主要な演算子

算術演算	論理演算		比較演算	
足し算　+	論理積（AND）	&	より大	>
引き算　−	論理和（OR）	|	以上	> =
掛け算　*	否定（NOT）	!	より小	<
割り算　/	排他的論理和（XOR）	xor	以下	< =
			等しい	= =
			等しくない	! =

データ構造

　データが集まってある構造になっているものがデータ構造です。いろいろな構造があり構造に応じた使い方ができます。ここでは，簡単な統計解析を行う上で理解しておけばよい範囲にしぼって，簡単に説明をしておきます（表 A-3）。

表 A-3　データ構造

データ構造	データのタイプ	次元	利用目的等
ベクトル	いずれかひとつの型	1 次元	データのまとまりとして計算処理等が可能
リスト	型の混在可	1 次元	統計解析の結果のオブジェクトがリスト構造になっているが，意識する必要はない
行列	数値型のみ	2 次元	数学の行列計算ができる
配列	いずれかひとつの型	多次元	ベクトルを多次元化したもの
データフレーム	型の混在可	2 次元	統計分析などで使うデータセットのイメージ

　ベクトルとデータフレームのことがわかっていればとりあえずは事足りると思います。基本的にデータフレームは 1 次元のベクトルを組み合わせ，それに列名と行名が付加されたものと考えればよく，データフレームの要素を参照したり加工したりするのもベクトルを使います。

　ベクトルは，c のあとにカッコで要素をくくり，間をカンマで区切ります。連続数値の場合は，4:7 のように，コロンで指定も可能です（4, 5, 6, 7 と指定したものと同じ）。

― ベクトルを使った例 ―

```
> kyoka3 <- c(" 英語 ", " 数学 ", " 国語 ")  # 文字型のベクトル
> kyoka3
 [1] " 英語 " " 数学 " " 国語 "
> head(five.data[kyoka3])
  英語  数学  国語
1   62    50    67
2   71    70    46
3   41    59    39
4   89    63    65
5   38    74    68
6   68    26    63
> kyoka4 <- c(1:4)  # 数値型のベクトル
> kyoka4
[1] 1 2 3 4
> head(five.data[kyoka4])  # 列番号 1, 2, 3, 4 の科目だけを取り出す
  国語  社会  英語  数学
1   67    51    62    50
2   46    58    71    70
3   39    41    41    59
4   65    99    89    63
5   68    52    38    74
6   63    82    68    26
```

データフレームの一部を取り出すには，次のような方法があります。

行と列を指定	data10[(1:200), c(1,2,5,6)]	data10 の 1 ～ 200 番目のデータの変数 1，2，5，6 番目を取り出す
列だけ指定	fa_data[-(4:7)]	fa_data の変数 4 ～ 7 番目を除く
行だけ指定	raw.data[-5,]	raw.data の 5 番目のデータを除く

行と列の指定は，カンマ（,）で区切りますが，カンマがない場合は列だけの指定と解釈され，行だけの指定の場合は明示的に後ろにカンマ（,）を入れないといけません。

また，データの指定の仕方は，次のようなやり方があります。

| 連続的な指定 | 5:10 | 5 ～ 10 番目を取り出す |
| とびとびに指定 | c(3,7,10,12) | 3, 7, 10, 12 番目を取り出す |

（次のページへ続く）

連続的に削除	-(1:3)	1 ～ 3 番目を除く
とびとびに削除	-c(5,8)	5 番目と 8 番目を除く

　R の各データ構造は，各要素に対して計算処理（文字列操作や論理計算も含む）をまとめてできるところに利点があります。ここではベクトルとデータフレームの例だけを示しますが，リスト以外であれば行列や配列でも同様ですし，行列はいわゆる行列特有の計算も可能となります。

ベクトルやデータフレームの各要素に対する処理

```
> paste(kyoka3," の点数 ",sep="")   # ベクトルは各要素にまとめて同じ処理ができる
[1] " 英語の点数 " " 数学の点数 " " 国語の点数 "
> head(five.data + 10)     # データフレームでもまとめて処理できる
   国語   社会   英語   数学   理科
1   77    61    72    60    74
2   56    68    81    80    65
3   49    51    51    69    71
4   75   109    99    73    90
5   78    62    48    84    95
6   73    92    78    36    23
> kyoka4 + 1     # 数値型も同様
[1] 2 3 4 5
> head(five.data[kyoka4 + 1])
   社会   英語   数学   理科
1   51    62    50    64
2   58    71    70    55
3   41    41    59    61
4   99    89    63    80
5   52    38    74    85
6   82    68    26    13
```

A.2　欠損値や不適切なデータの扱い

　データの中には欠損値が含まれることもあります。とくに質問紙などの場合，無回答の場合もあり欠損値となります。処理として単純なのは 1 項目でも欠損値があればその人のデータは削除してしまう方法です。ただし欠損値が多いと，使えるデータが少なくなってしまうことがあります。R の因子分析の関数 fa の場合，欠損値があってもその人のデータは削除せず，欠損値でない項目だけを計算に使うやり方（pairwise という）がデフォルトになっています。

　欠損値がひとつでもあるとデータとして使いたくない場合は引数

（use="complete"）で設定すれば，そのデータ行は除外して処理をしてくれます。あるいは，最初からデータとして削除したい場合もあります。その場合は関数 na.omit を使えば簡単に処理できます。

　また，欠損値があると，因子得点が計算できなくなります。そこで，その場合メジアンや平均で補って計算をするように指定する（missing=TRUE）こともできます。

　ここでは，set.csv という欠損値の入ったファイルを読み込み，欠損値の処理を行った例を紹介します。

─ 欠損値の処理 ─

```
> set_raw.data <- read.csv("G:/r/set.csv")
# ドライブ G のフォルダー r 内の set.csv というファイルを読み込む
#set_raw.data というオブジェクト（データフレーム）に代入
> set_raw.data[60:62,]    #60 番目から 62 番目のデータを表示
   no q1 q2 q3 q4 q5 q6 q7 q8 q9
60 60  4  5  3  5  5  5  4  5  5
61 61  5  5  1  5 NA  5  2  5  3
62 62  4  3  4  4  4  4  4  4  4
   #61 番目のデータの q5 が欠損値 (NA)
> nrow(set_raw.data)     # データの数を表示してみる
[1] 265
> fa(set_raw.data[-1], nfactors=3, rotate="varimax")$loadings
   # 因子分析をしてみる．第 1 列が番号 (no) なので [-1] と指定して除外
   # 欠損値があってもデータ行は除外せず，使えるデータは計算
Loadings:
   MR1   MR2   MR3
q1 0.232 0.954 0.182
q2 0.294 0.407 0.352
q3 0.150 0.491 0.227
q4 0.884 0.251 0.226
q5 0.545 0.326 0.446
q6 0.780 0.210 0.357
q7 0.229 0.154 0.550
q8 0.193 0.125 0.449
q9 0.133 0.210 0.535

                 MR1   MR2   MR3
SS loadings    1.957 1.614 1.377
Proportion Var 0.217 0.179 0.153
Cumulative Var 0.217 0.397 0.550
> fa(set_raw.data[-1], nfactors=3, rotate="varimax",
+ use="complete")$loadings
   # 欠損値を含むデータ行は除外．本文の計算結果と同じ
```

```
Loadings:
    MR1   MR2   MR3
q1 0.209 0.949 0.206
q2 0.248 0.411 0.406
q3 0.170 0.512 0.170
q4 0.925 0.262 0.235
q5 0.534 0.328 0.455
q6 0.741 0.223 0.394
q7 0.260 0.159 0.487
q8 0.135       0.537
q9 0.172 0.209 0.442
```
　　　#第2因子のq8の負荷量は値が小さいため非表示
```
                 MR1   MR2   MR3
SS loadings    1.939 1.636 1.374
Proportion Var 0.215 0.182 0.153
Cumulative Var 0.215 0.397 0.550
> fa(set_raw.data[-1], nfactors=3, rotate="varimax")$scores[60:62,]
```
　　#因子得点を表示すると，61番目は欠損値があったので計算できず
```
          MR1        MR2        MR3
[1,]  0.7906764  0.3939154  0.7798931
[2,]         NA         NA         NA
[3,] -0.3230575  0.8282749 -0.1822777
> fa(set_raw.data[-1], nfactors=3, rotate="varimax",
+ missing=TRUE)$scores[60:62,]
```
　　#missingを指定すると欠損値を置き換えて計算．ここではメジアンで置き換え
　　#平均で置き換えたい場合は，引数にimpute="mean"とする
```
          MR1        MR2        MR3
[1,]  0.7891524  0.4090363  0.7823493
[2,]  0.9916418  1.7983887 -1.3299460
[3,] -0.3333409  0.8317909 -0.1676758
> s.data <- na.omit(set_raw.data[-1])
```
　　#NAとなっているデータを関数na.omitを使って除外し，s.dataに格納
```
> s.data[60:62,]    #欠損値のあるデータが削除されたことを確認
   q1 q2 q3 q4 q5 q6 q7 q8 q9
60  4  5  3  5  5  5  4  5  5
62  4  4  3  4  4  4  4  4  4
63  2  4  1  3  3  4  3  5  2
```
　　#61番目のデータが確かに削除されている
```
> nrow(s.data)    #欠損値のあるデータ8ケースが削除され，データ数が257に
[1] 257
```

　欠損値以外でも分析に相応しくないデータが混じっていることもあり，そのようなデータは除外したほうがいいでしょう。質問紙の回答の場合，いい加減に回答をしてしまう人がいます。たとえば，本書で使ってきた授業評価アンケートの場合，すべての項目に「3．どちらでもない」と回答してしまう人がいます。このようなデータを不適切なデータとして削除したいとします。

　以下のようなやり方で処理できます。回答が 3 であるかどうか論理計算をさせ，論理値が TRUE の場合数値 1 が割り当てられる（FALSE は 0）ことを利用して，その合計を計算し，その値が質問の数 9 と同じならば，そのデータを除いたデータだけを抽出するというやり方を行っています。

不適切なデータの処理

```
> s.data[49:51,]   #49, 50, 51 番目のデータを表示
   q1 q2 q3 q4 q5 q6 q7 q8 q9
49  3  4  3  4  4  4  5  5  2
50  3  3  3  3  3  3  3  3  3
51  1  3  1  4  3  4  3  4  3
   #50 番目の人はすべて 3 と回答
> all3 <- s.data == 3
   # 回答が 3 かどうかの論理計算をさせて all3 に代入
> all3[49:51,]   #49, 50, 51 番目だけ表示
      q1    q2    q3    q4    q5    q6    q7    q8    q9
49  TRUE FALSE  TRUE FALSE FALSE FALSE FALSE FALSE FALSE
50  TRUE  TRUE  TRUE  TRUE  TRUE  TRUE  TRUE  TRUE  TRUE
51 FALSE  TRUE FALSE FALSE  TRUE FALSE  TRUE FALSE  TRUE
   # 回答が 3 のところは TRUE になっている
> sum_all3 <- apply(all3,1,sum)
   #apply 関数を利用．第 1 引数のデータを第 3 引数で指定した sum（合計）の処理
   # 第 2 引数は処理の単位を指定．値 1 は行単位での処理
   #TRUE は数値 1，FALSE は数値 0 が割り当てられることを利用して合計を算出
> sum_all3[49:51]    #49, 50, 51 だけを表示．sum_all3 はベクトルなのでカンマは不要
49 50 51
 2  9  4
   #TRUE の数の合計になっている．50 番目の人の合計は 9 に
> subset(s.data, sum_all3 == 9)
   # 合計が 9 になる人のデータだけを抽出確認
    q1 q2 q3 q4 q5 q6 q7 q8 q9
50   3  3  3  3  3  3  3  3  3
172  3  3  3  3  3  3  3  3  3
214  3  3  3  3  3  3  3  3  3
255  3  3  3  3  3  3  3  3  3
   # すべての項目に「3．どちらでもない」と回答した人が 4 名
> s1 <- subset(s.data, sum_all3 != 9)
   # すべての項目に「3．どちらでもない」と回答した人以外のデータを抽出し，s1 に代入
> s1[49:51,]
   #50 番目の人のデータが削除されているかどうか確認
   q1 q2 q3 q4 q5 q6 q7 q8 q9
49  3  4  3  4  4  4  5  5  2
51  1  3  1  4  3  4  3  4  3
52  3  4  2  4  3  4  4  4  3
```

A.3　知っておくと役に立つ機能

A.3.1　パッケージの確認と自動読み込み

　R では基本的なパッケージ[34]は，R を起動すれば自動的に読み込んでくれますが，因子分析などを行うには，インターネット上で配布されているパッケージを自分で読み込まないといけません。

　PC へのインストールは一度行っておけばよいのですが，R プログラムへの読み込みは起動のたびに行う必要があります。いつも使うパッケージを自動で読み込むことができれば非常に便利です。

　作業ディレクトリ内の「.Rprofile」というファイルに起動時に行う操作を記述しておくことができます。ここに，ライブラリを読み込むコマンドを記述しておけばよいことになります。たとえば，次のように記述をしておけばよいのです。

library(psych)

library(GPArotation)

読み込まれているパッケージを確認するには，関数 search() が使えます。

```
┌ パッケージの読み込み ──────────────────────────────
│
│  > library(psych)          # パッケージ psych を読み込む
│  > library(GPArotation)     # パッケージ GPArotation を読み込む
│  > search()                 # 読み込まれたパッケージの一覧を表示
│   [1] ".GlobalEnv"          "package:GPArotation"   "package:psych"
│   [4] "package:stats"       "package:graphics"      "package:grDevices"
│   [7] "package:utils"       "package:datasets"      "package:methods"
│  [10] "Autoloads"           "package:base"
│   # 7つの基本パッケージに加え，psych と GPArotation が読み込まれている
│   # search ではパッケージ以外の .GlobalEnv や Autoloads も表示される
│
└──────────────────────────────────────────────
```

A.3.2　オブジェクトの一覧表示と削除

　R のプログラムを動かしているときには，オブジェクトを次々に作成し，そ

---

[34] 7つの基本的なパッケージが読み込まれます。

こにいろいろなもの（データや分析結果）を保存することが多くなります。これらは，作業スペースに入ります。作業スペースは油断するとオブジェクトがどんどん増えていきますので，不要なオブジェクトは削除しておくとよいでしょう。

　関数 ls() でオブジェクトの一覧表示ができます。remove（あるいは rm）関数でオブジェクトが削除できます[35]。

オブジェクトの一覧表示と削除

```
> ls()     #オブジェクトのリスト一覧表示
[1] "cor.result" "fa.result"  "five.data"  "test"       "vss.result"
> remove(test)
#引数で指定したオブジェクトの削除. remove(list=ls()) とするとすべて削除
> ls()
[1] "cor.result" "fa.result"  "five.data"  "vss.result"
  #オブジェクト test が削除されている
```

A.3.3　スクリプトファイル：一連の手順を保存して使う

　R を使う場合，各個人で行う分析は，だいたい似たような分析を行いますので，毎回，同じような入力操作を行うことになります。そのため，本文で説明しましたように入力履歴を保存したテキストファイルを使ってコピー＆ペーストすると便利ですが，よりスマートに行うやり方が，スクリプトファイルを使うやり方です。

　スクリプトというのは一連の手順のことで，R を使う場合，キーボードから入力していく操作の一連の手順がスクリプトですが，これをファイルに収めておき，それを呼び出して使うことができます。

　共分散構造分析のモデルの定義などは，モデルの式の集まりで，これをコンソール画面で入力していくと，行単位でしか編集ができませんので，前の行で間違ったことに気づいたりしても，やり直しがやっかいになります。

---

35) すべてのオブジェクトを削除するには，メニュー「その他」－「全てのオブジェクトの消去」でも可能。

　そこで，モデルの式をあらかじめ書いておいて，式が全部できあがったところで，実際にコンソール画面に流してやるのが賢いやり方です。

　「ファイル」メニューから「新しいスクリプト」を選ぶ（図 A-1）とスクリプトのウィンドウが表示されます。図 A-1 では，スクリプトのウィンドウが右側に開いています。ここに一連の手順を書いていけばよいのです。手順が完成したら，手順全体をコピーし，コンソール画面にペーストすればよいのです。

　このとき，このモデルの定義をあとで使う可能性があれば，これをスクリプトファイルとして保存しておけば，必要になったときに呼び出して使うことができます。呼び出すには，「ファイル」メニューから「スクリプトを開く」を選択すれば（図 A-1），スクリプトウィンドウに呼び出されます。

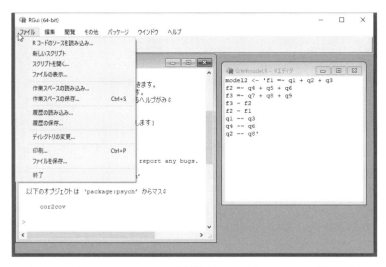

図 A-1　「ファイル」メニューから選べる各機能とスクリプトファイルを開いたウィンドウ

　スクリプトウィンドウに呼び出さずに，即実行したいときは，「ファイル」メニューから「R コードのソースを読み込み」を選択し（図 A-1），スクリプトファイルを選択すると，すぐに実行されます。自分がよく使う手順や定義した関数などは，スクリプトファイルに保存しておき，このような形で呼び出せば便利です。

以下に使用例を示しました。図A-2 のようにモデルを定義したスクリプトファイルを準備しておき，このファイルを「Rコードのソースを読み込み」で読み込み，その内容を確認したのが下の実行例です。

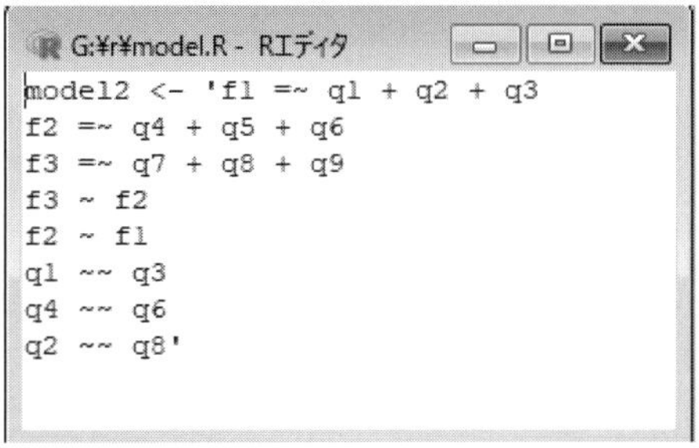

```
 R G:¥r¥model.R - RIディタ        □ ◻ ✕
model2 <- 'f1 =~ q1 + q2 + q3
f2 =~ q4 + q5 + q6
f3 =~ q7 + q8 + q9
f3 ~ f2
f2 ~ f1
q1 ~~ q3
q4 ~~ q6
q2 ~~ q8'
```

図 A-2　モデルの定義をしたスクリプトファイル

スクリプトファイルの実行と確認

```
> source("G:/r/model.R")
  #「ファイル」-「Rコードのソースを読み込み」を実行
  # 以下のようにコンソールに現れる
> model2    #model.R で定義された model2 の内容確認
[1] "f1 =~ q1 + q2 + q3\n f2 =~ q4 + q5 + q6\n f3 =~ q7 + q8 + q9\n
f3 ~ f2\n f2 ~ f1\n q1 ~~ q3\n q4 ~~ q6\n q2 ~~ q8"
  # '\n' は改行の意
```

A.4　Rにおける，パッケージ，関数，オブジェクト

　GUIの統計パッケージやExcelなどのスプレッドシートのアプリケーションに慣れてしまっていると，データはファイルを読み込めば表形式で表示されますし，分析の各機能はメニューを見ればわかります。標準では分析できない機能は，オプションのプログラムを購入したり，アドインソフトを導入したりすればできるようになります。

　それに対して，Rの場合コンソール画面が表示されるだけでとても不安に感じます。行いたい分析を選択するメニューもありませんので，どのような分析ができるのか，その分析をするにはどうしたらよいのか何も手がかりがありません。また，データもファイルを読み込んでも画面上は何も変化はなく，データも明示的に指示しなければ中身を見ることもできません。

　Rの関数やオブジェクト，パッケージなどがどのような関係になっているのかイメージしやすいように図A-3を示しました。Rのプログラムでは，関数と作業スペースを携えていると考えればよいでしょう。関数はパッケージとして

読み込む必要があり，そのパッケージはネット上から PC にインストールしておく必要があります。作業スペースにはキー入力履歴とオブジェクトが含まれています。データは PC 内のデータファイルを読み込んでオブジェクトとして R プログラム内の作業スペース上に蓄えられます。

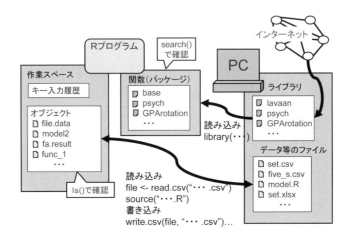

図 A-3　関数，パッケージ，オブジェクト，作業スペースなどの関係の図式

A.5　R におけるエラーの対処と注意点

　R のコマンドベースでの利用の説明をしていますが，コマンドベースでの最大の欠点は，コマンドを覚えていなければならないこと，しかも，そのスペルを正しく入力しなければならないことです。

　コマンドの間違いやスペルミスでエラーになることがよくあります。関数名などの間違いは「関数 "xxxx" を見つけることができません」とエラーを出してくれますので，正しいコマンドを再入力（うまくヒストリー機能を使うのが賢明です）すればよいでしょう。スペルがわからない場合，マニュアルを見るかネットで検索するのがよいでしょう。

　関数の引数の指定の仕方がわからない場合は，メニューの中のヘルプを見るか，コマンドとして「？」や関数 help を利用するとよいでしょう。

　また，自分で決めたデータのオブジェクト名などが間違っている場合も「オ

ブジェクト "xxx" がありません」とエラーを出してくれるので，再確認すれば
よいでしょう。

エラーのケース

```
> pirnt(five.data)
 pirnt(five.data) でエラー :
   関数  "pirnt" を見つけることができませんでした
#関数名の入力ミス

> help(print)    #あるいは，? print
#web ブラウザが開いて，help 関数の引数で指定した print 関数のマニュアルが表示される

> fa(faive.data, nfactors=3)
 NROW(x) でエラー : オブジェクト 'faive.data'
#オブジェクト名の入力ミス
```

　やっかいなのは，エラーを出してくれない場合です。類似の関数名を間違っ
て入力した場合，結果が全く違えば気づくことができます。しかし，それが引
数の指定の仕方の間違いだと思ってしまったりする可能性もあり，関数名は正
しいと思い込んでいると，間違いに気づきにくいでしょう。

　最も注意が必要なのは，引数の間違いです。引数を指定しない場合，デフォ
ルトの指定になります。引数の名称を間違えた場合，エラーが出されずにデフォ
ルトの指定となってしまうことがあります。あるいは，引数で指定した値が間
違った場合，あらかじめ決められた特定の値（必ずしもデフォルトではない）
を指定したものとして実行されてしまうことがあります。

　いずれの場合も，エラーとはならず，実行されてしまうため，自分では指定
した引数が間違っていることに気づかないのです。

　さらにやっかいなのは，どのように関数を呼び出したかが結果として出力さ
れる点です。自分でどのように関数で指定したかを確認できるのですが，エラー
チェックされているわけではなく，利用者が入力した通りに出力されるので，利
用者から見ると，正しく実行されたものと誤解してしまいます。

　結果出力を注意深く見るように心掛けておく必要があります。

── 引数のエラーのケース ──────────

```
> fa(five.data, nfactores=2)  #nfactors のスペルミス
Factor Analysis using method =  minres
Call: fa(r = five.data, nfactores = 2)
     # スペルミスに気づかず，ここだけ見てしまうと因子数 2 が指定されたと勘違いしてしまう
Standardized loadings (pattern matrix) based upon correlation matrix
      MR1   h2   u2 com
国語  0.58 0.33 0.67    1
社会  0.46 0.21 0.79    1
英語  0.43 0.18 0.82    1
数学  0.66 0.44 0.56    1
理科  0.69 0.47 0.53    1
     # エラー表示なく，デフォルトの因子数 1 で処理
   (以下略) …


> fa(five.data, rotate="varimx", nfactors=2)
Specified rotation not found, rotate='none' used
   # 回転の名称が間違っているため，回転なしで処理
Factor Analysis using method =  minres
Call: fa(r = five.data, nfactors = 2, rotate = "varimx")
     # スペルミスに気づかず，ここだけ見てしまうと varimax 回転がなされたと勘違いしてしまう
Standardized loadings (pattern matrix) based upon correlation matrix
      MR1    MR2   h2    u2   com
国語  0.77   0.59 0.94 0.061 1.9
社会  0.44   0.15 0.21 0.789 1.2
英語  0.41   0.15 0.19 0.810 1.3
数学  0.75  -0.53 0.83 0.168 1.8
理科  0.64  -0.29 0.49 0.505 1.4

   (以下略) …
```

R の因子分析で使う関数のリファレンス

付録 B

B.1 fa 関数

因子分析を行う関数 fa のリファレンスです。関数を使う場合，一般に引数に分析のやり方等を指定することになります。因子分析であれば，抽出法，回転，因子の数などは，引数で指定しなければなりません。そこで，ここでは関数 fa の主な引数について表 B-1 で説明します。

また，回転などの場合，関数 fa にはない引数を指定することができます。それは，別のパッケージを利用しており，そのパッケージで指定する引数も指定することができるからです。このあとに，GPArotation のパッケージの説明をしていますので，それもあわせて参照してください。

分析の結果は，関数を実行すると表示されますが，因子分析の場合，さまざまな計算を行いますので，関数を実行するだけで表示される結果は限られています。表示されない結果も含めて，分析の結果はすべて戻り値として保存されます。必要に応じてその戻り値を呼び出すことになります。関数 fa の戻り値についても表 B-2 で説明します。

使用例

fa(data, nfactors=2, fm="ml", rotate="varimax", scores="regression")

fa(data2, nfactors=3, fm="uls", rotate="oblimin", gam=0.5)

引数は，関数の中で，引数の名称のあとに＝をつけて値を指定しますが，慣例的に，最初に指定するものがデータであるため，引数の名称（r=）を省略して，データのオブジェクトの名称を指定します。

表 B-1　関数 fa の主な引数

引数	説明
r	相関係数行列，共分散行列，生のデータのいずれかをデータとして指定。生のデータの場合，相関の算出の際ペアワイズで削除。共分散を指定した場合，covar 引数で TRUE を指定しない限り相関に変換。
nfactors	抽出する因子の数の指定（デフォルト 1）。
n.obs	データが相関係数行列の場合，データの数を指定。適合度の指標の場合に使われる。相関行列を用い，信頼区間を算出する場合には必ず指定を。
np.obs	データのペアワイズの数。相関行列を使い，抽出法 minchi のときに利用。
rotate	回転方法の指定（デフォルト oblimin）。 回転なし：none 直交回転：varimax, quartimax, bentlerT, equamax, varimin, geominT, bifactor 斜交回転：Promax, promax, oblimin, simplimax, bentlerQ, geominQ, biquartimin, cluster promax は GPArotation で Promax を呼び出す前に正規化を行う。
n.iter	ブートストラップの繰り返し数。関数 fa か fa.poly で使う。
residuals	残差行列の表示の指定。
scores	因子得点の推定法の指定。デフォルトは回帰法 regression。Thurstone, tenBerge, Anderson, Bartlett
SMC	初期の推定値に重相関を使うか 1 を使うか。重相関を使うときは SMC = TRUE。SMC が変数のベクトルであれば，抽出法に主因子法（fm = pa）を使うときの初期値として使う。
covar	covar = TRUE の場合，共分散行列で，そうでなければ相関行列。
missing	scores が TRUE で，missing = TRUE の場合，平均かメジアンで欠損値を置き換える。
impute	欠損値を置き換える場合，メジアン median か平均 mean を指定。
min.err	共通性の変化が min.err 以下になるまで繰り返す。
max.iter	計算が収束するまでの繰り返し最大回数。
symmetric	TRUE とすると，対角の下半分によって，対称行列にする。
warnings	TRUE とすると，因子の数が多すぎると警告を出す。
fm	抽出法の指定。 minres：minimum residual　残差を最小にする。デフォルト。 uls：unweighted least squares　重みづけのない最小二乗法。minres と同じ。 ols：ordinary least squares　minres とわずかに異なる。

	wls : weighted least squares　重みづけのある最小二乗法。
	gls : generalized weighted least squares　一般化された重みづけのある最小二乗法。
	pa : principal factor　主因子法。
	ml : maximum likelihood　最尤法。
	minchi : サンプルサイズで重みづけをした χ^2 値を最小化する。
	minrank : ランクを最小化する。
	old.min : 2017 年 4 月以前に使われていた最小残差法。
	alpha : α 因子法。
alpha	RMSEA の信頼区間の α レベル。
p	信頼区間を求めるために繰り返しを行う際，求める確率値の指定。
oblique.scores	因子得点を算出する場合，因子構造行列（デフォルト）によるかパターン行列（oblique.scores = TRUE）にするか。斜交回転で tenBerge を使う場合に指定が必要。
weight	NULL ではなく，観測変数の数のベクトルを指定すると，その値で重みづけをする。
use	欠損値の取り扱いを指定する（デフォルトは pairwise）。cor のオプションを参照。
cor	相関の算出の仕方。
	cor : Pearson の相関係数。
	cov : 共分散。
	tet : tetrachoric 四分相関。
	poly : polychoric 多分相関。
	mixed : 四分相関，多分相関，ピアソン，双列，多分系列の混合。
…	上記以外のパラメータを指定できる。fa 関数で呼び出している他のパッケージ（GPArotation など）の関数のパラメータなど。

表 B-2　関数 fa の戻り値

戻り値	説明
values	共通因子算出における固有値。本文での FA 固有値に相当。
e.values	元の行列の固有値。本文での PC 固有値に相当。
communality	各観測変数の共通性。各因子負荷量の二乗和。
communalities	minrank を使ったときの共通性。全共通分散を反映する。
rotation	指定した回転の名称。
n.obs	観測データの数。
loadings	因子負荷量（パターン）。クラスが loadings となり，他のプログラム（GPArotation など。print でソートのオプションも利用できる）で使う

	ことができる。
complexity	各観測変数における Hoffmans の複雑性指標。
Structure	因子構造行列。クラスは loadings。因子負荷量（パターン）に因子間相関を乗じたもの。
fit	因子モデルがどの程度うまく相関行列を再構築できるかの適合指標。
fit.off	非対角要素がどの程度適合しているか。
dof	モデルの自由度。観測変数の数を n, 因子の数を nf とすると, dof = $n*(n-1)/2 - n*nf + nf*(nf-1)/2$
objective	最尤法で最小化される目的関数の値。
STATISTIC	目的関数に基づいた χ^2 値。
PVAL	観測された χ^2 値のほうが大きくなるときの確率。
Phi	斜交回転（例えば, promax や GPArotation パッケージの oblimin）が指定されたときに算出される因子間相関。
communality. iterations	共通性推定の履歴。
residual	因子モデル適用後の残差相関行列。
chi	経験的 χ^2 値。正規分布に従わないとき, 残差の平方和に基づき求められる経験的 χ^2 値を検討することが有用。
rms	非対角要素の残差の平方和を自由度で割った値。RMSEA のほうは χ^2 値をベースとしているため, 観測変数の数が必要となる。rms は経験的な値だが, RMSEA は正規分布と χ^2 分布に基づいている。そのため, 残差が非正規であれば, rms 値と RMSEA は実質的に異なる。
crms	自由度を調整した rms。
RMSEA	The Root Mean Square Error of Approximation。非心 χ^2 分布と MLE 適合関数から算出される χ^2 推定値に基づいている。正規分布のデータであれば問題ない。残差が非心 χ^2 分布に従わないと, 非常に奇妙な値になる。信頼区間も算出できない。伝統的な適合指標だが, rms の値も見たほうがよい。
TLI	Tucker-Lewis Index. 因子抽出の信頼性の適合指標。大きいほうがよい。
BIC	Bayesian Information Criterion。正規分布に基づく χ^2 値をベースにしている。
eBIC	正規理論に当てはまらないとき, 経験的に導かれた eBIC を検討することが有用。
R2	因子と因子得点の決定係数。
r.scores	因子得点の間の相関係数。
weights	因子得点を算出するための重みづけ係数。

scores	指定された因子得点。引数 scores で指定された推定法で推定される。
rot.mat	GPArotation から返される回転行列。

B.2　GPArotation における回転

　GPArotation は，Gradient Projection Algorithms や因子分析のためのいくつかの回転の関数を含むパッケージです。直交回転のための GPForth と斜交回転のための GPFoblq で，oblimin などの回転も含まれます。

使用例

GPForth(L, method="varimax")

GPFoblq(L, method="quartimin")

oblimin(nonL, gam=.5)

cfT(dataloadings, kappa=1/5)

　GPArotation における回転の関数の引数と戻り値を表 B-3，B-4 に示しました。引数は，関数の中で，引数の名称のあとに＝をつけて値を指定しますが，慣例的に，最初に指定するものが，因子負荷行列であるため，因子負荷行列の場合，引数の名称を省略して，因子負荷行列のオブジェクトの名称を指定します。

表 B-3　GPArotation における回転の関数の引数

引数	説明
L	因子負荷行列を指定。
Tmat	回転変換行列の初期行列。基本的には対角位置が 1 となる単位行列を使うため，通常は指定しなくてよい。
gam	oblimin 回転のときに指定。0 = Quartimin，.5 = Biquartimin，1 = Covarimin。
Target	回転のターゲット。
W	ターゲット中の各要素の重みづけ。
kappa	Crawford-Ferguson 族に含まれる回転を指定するときのパラメータ。因子の数 m，観測変数の数 p としたとき，以下のように指定。 Quartimax : 0

Varimax：1/p
Equamax：m/(2*p)
Parsimax：(m-1)/(p+m-2)
Factor parsimony：1

normalize	FALSE の場合正規化しない（デフォルト）。TRUE だとカイザーの正規化を回転の前に行う。
eps	この値よりも勾配の基準が小さいと収束したとする。
maxit	メインループでの繰り返しの最大回数。

表 B-4　GPArotation における回転の関数の戻り値

戻り値	説明
loadings	回転された因子負荷量。
Th	回転の変換行列。回転後の因子負荷量にこの行列の転置行列を掛けると回転前の負荷量となる。
Table	回転の最適化のための繰り返しの記録。
method	回転関数の名称。
orthogonal	直交回転であれば TRUE，そうでなければ FALSE。
convergence	収束していれば TRUE，そうでなければ FALSE。
Phi	因子間相関。直交回転の場合は，NULL を返す。
Gq	回転後の因子負荷量における目的関数の勾配。

B.3　因子軸の回転の指定の仕方

　回転法のほとんどは，関数 fa で引数として指定すれば使うことができますが，中には GPArotation のパッケージに含まれる回転の関数を自分で利用しないといけない場合があります。また，関数 fa で使う回転も他のパッケージ（GPArotation など）を利用しているのですが，その場合回転に関するパラメータが関数 fa のリファレンスに書かれていません。そのため，fa が参照している GPArotation などの他のパッケージのリファレンスを見ないとわかりません[36]。

　ここでは，本文では説明できなかった補足をしておきます。実行例は付録 C

---

36) R の場合，ある関数の中で他のパッケージを利用することがあるため，他のパッケージの関数の使い方を知らないとわからないことがあります。

に掲載しています。

B.3.1　オーソマックス基準のグループ（直交回転）

直交回転の中のオーソマックス基準のグループに含まれる回転の中のいくつかは，fa の関数の引数としては指定できないものがあります。その場合，GParotation のパッケージの中にある関数 cfT[37]を使う必要があります。

オーソマックス基準のグループの回転の各基準は，パラメータが異なるだけです。そこで，パラメータを指定するだけで，これらの回転を指定できます。中には，fa 関数の rotation の引数で指定すればよいものもありますが，cfT を用い，パラメータ kappa の値を指定しないといけないものもあります（表 B-5）。

表 B-5　オーソマックス基準

回転の種類	パラメータ[◇1]	関数 fa	関数 cfT[◇2]
クォーティマックス	0	rotate = "quartimax"	cfT (L, kappa = 0)
バイクォーティマックス	$1/(2*p)$	指定できない	cfT (L, kappa = 1/(2*p))
バリマックス	$1/p$	rotate = "varimax"	cfT (L, kappa = 1/p)
エカマックス	$m/(2*p)$	rotate = "equamax"[◇3]	cfT (L, kappa = m/(2*p))
パーシマックス	$(m-1)/(p+m-2)$	指定できない	cfT (L, kappa = (m-1)/(p+m-2))
因子パーシモニー	1	指定できない	cfT (L, kappa = 1)

◇1　m：因子数。p：変数の数。
◇2　L：回転前の因子負荷行列のオブジェクト。m, p：実際の値を入れる。
◇3　equamax と指定しても，現 R のプログラムではクォーティマックスと同じになっている。

関数 fa での指定ができない回転を実行するには，まず fa 関数で因子を抽出し初期解を出したあとに cfT 関数を用いて回転をさせるという 2 段階で行います。

1. 関数 fa で，回転をさせず（rotate="none"）に，初期解の因子負荷量（loadings）を算出し，オブジェクトに代入。
   （例）f3L <- fa(five.data, nfactors=3, rotate="none")$loadings

---

37) cfT という関数名は，オーソマックス基準が Crawford-Ferguson ファミリー（市川，2010）といわれる一般基準に含まれる直交（orthogonal）回転であるため，Crawford-Ferguson or Thogonal rotation からきていると思われます。

2. 関数 cfT の引数に因子負荷量のオブジェクトと上記の表のパラメータを指
   定し実行。
   （例）cfT(f3L, kappa=1/(2*5)) # バイクォーティマックス

　これらの基準の違いは単純構造を目指すときに，どこに重点を置くかの違い
です。因子が単純構造になるには，次の両者を満たせばいいのですが，両者同
時に満たすのは難しく，条件の重みがどちらかに偏った形で回転の基準が作ら
れています。オーソマックス基準では，そのパラメータを変えるとその重みが
変化することになっています。

- 観測変数から見たとき（行方向を見る），高く影響を受けている因子を少
  なくする。パラメータ kappa が小さいほど，この条件を優先。
- 因子から見たとき（列方向を見る），高く影響を与えている観測変数を少
  なくする。パラメータ kappa が高いほど，この条件を優先。

　基準の違いが因子負荷量に反映され，kappa が小さいと特定の因子（第 1 因
子）の負荷量が高くなります。

B.3.2　オブリミン基準のグループ（斜交回転）

　関数 fa での回転のデフォルトは，オブリミン回転です。ただ，オブリミン回
転というのは特定の回転を指すこともありますが[38]，オブリミン基準といわれ
る式でパラメータを指定した回転のグループの名称でもあります。
　オブリミン基準グループの回転は，関数 fa でも指定できますが，関数 oblimin
（GPArotation パッケージに含まれている）を使っても可能です。パラメータの
関係と各関数の使い方を表 B-6 に示しました。
　パラメータの値が大きくなるほど，因子間相関が小さくなり，直交回転に近
くなります。

38）コバリミン回転をオブリミン回転ということもあります。

表 B-6　オブリミン基準

回転の種類	パラメータ	関数 fa	関数 oblimin[◇1]
コバリミン	1	rotate="oblimin", gam=1	oblimin（L, gam=1）
バイクォーティミン	0.5	rotate="oblimin", gam=0.5 rotate="biquartimin"	oblimin（L, gam=0.5）
クォーティミン	0	rotate="oblimin", gam=0[◇2] rotate="quartimin"	oblimin（L, gam=0）

◇1　L：回転前の因子負荷行列のオブジェクト。
◇2　gam のデフォルトは 0 なので，指定しなてくもよい。回転のデフォルトも oblimin なので，回転を何も指定しないと，クォーティミン回転となる。

　関数 fa を使う場合は，回転に oblimin を指定し，パラメータ gam で値を指定します。

（例）fa(five.data, nfactors=3, rotate="oblimin", gam=0.5) # バイクォーティミン

　同じバイクォーティミン回転を GPArotation の oblimin 関数を使って行う場合，一旦回転させないで因子負荷量を計算し，そのオブジェクトを関数 oblimin の引数に渡し，あとはパラメータ gam を指定します。

（例）f3L <- fa(five.data, nfactors=3, rotate="none")$loadings
　　　oblimin(f3L, gam=0.5)

B.3.3　バリマックス回転とプロマックス回転における注意

　関数 fa で回転を指定する場合，バリマックス回転とプロマックス回転は，それぞれ同じ名称でも，指定するワードが varimax, Varimax, promax, Promax と，最初が大文字の場合と小文字の場合があり[39)]，処理が少し異なります。回転に際して，因子負荷量の kaiser の正規化[40)]を行う場合とそうでない場合の違いです（表 B-7）。

---

39) R の場合，関数名が大文字の場合と小文字の場合で異なるケースがよくあります。
40) 変数によって，共通性が大きい場合とそうでない場合があるため，共通性（の平方根）で除して正規化します。

付録
► B ◄

表B-7　バリマックス回転とプロマックス回転の関数faでの指定の違い

関数 fa での指定	
rotate="varimax"	正規化している
rotate="Varimax"	正規化していない
rotate="promax"	正規化している
rotate="Promax"	正規化していない
pro.m=n	プロマックス回転の場合，n で乗数を指定

　とくに理由がない限り，正規化したほうがよいので，小文字のほうを使ったほうがよいでしょう。さらにプロマックス回転ではパラメータ（pro.m）の指定ができます。プロマックス回転というのは，バリマックス回転の因子負荷行列を累乗します。その累乗を何乗にするかをパラメータpro.mで指定します[41]。累乗のパラメータが大きいほど，一般には，因子間相関が高くなります。

41）デフォルトは4乗になっているようです

128

R による実行例

C.1 回転の実行例

本文で紹介した 5 教科の点数のデータフレーム five.data を用いて実行してください。

┌─【実行例 C.1-1】回転させず，初期解の因子負荷量をオブジェクトに代入 ─────

```
> f3L <- fa(five.data, nfactors=3, rotate="none")$loadings
  #データフレームは5教科のデータをCSVファイルから読み込んだもの
  #因子数を指定し，回転無し(none)で負荷量（loadings）の値をオブジェクトf3Lに
> f3L  #初期解の負荷量を確認. あとで指定する必要がある変数(p)は5，因子数(m)は3
Loadings:
       MR1     MR2     MR3
国語   0.706   0.562
社会   0.436   0.183  -0.101
英語   0.433   0.212   0.277
数学   0.786  -0.526
理科   0.639  -0.243

                 MR1   MR2   MR3
SS loadings     1.903 0.730 0.095
Proportion Var  0.381 0.146 0.019
Cumulative Var  0.381 0.527 0.546
```

┌─【実行例 C.1-2】関数 cfT を使って先ほどの初期解の回転を実行する ──────

```
> cfT(f3L, kappa=1/(2*5))
  #関数cfTを使い，f3Lの初期解を回転. パラメータをkappaで指定する
  #バイクォーティマックスは，パラメータが1/(2*p). pは変数の数（5）
Orthogonal rotation method Crawford-Ferguson:k=0.1 converged.
Loadings:
       MR1   MR2   MR3
国語   0.167 0.891  0.0134
社会   0.211 0.432 -0.0536
英語   0.188 0.411  0.3240
数学   0.939 0.115  0.0164
理科   0.643 0.235 -0.0011
```

```
Rotating matrix:
          [,1]    [,2]    [,3]
[1,]   0.75681   0.650  0.0728
[2,]  -0.65363   0.753  0.0795
[3,]  -0.00313  -0.108  0.9942
```

【実行例 C.1-3】パラメータを変えて，エカマックス回転を

```
> cfT(f3L, kappa=3/(2*5))
  # エカマックスは，パラメータが m/(2*p). m は因子数 (3)，p は変数の数 (5)
Orthogonal rotation method Crawford-Ferguson:k=0.3 converged.
Loadings:
       MR1    MR2      MR3
国語  0.151  0.885  0.12244
社会  0.205  0.438  0.00603
英語  0.166  0.373  0.37725
数学  0.935  0.124  0.07455
理科  0.638  0.241  0.05657

Rotating matrix:
          [,1]    [,2]   [,3]
[1,]   0.7413   0.646  0.182
[2,]  -0.6695   0.731  0.133
[3,]  -0.0475  -0.221  0.974
```

【実行例 C.1-4】パラメータを変えて，因子パーシモニーを

```
> cfT(f3L, kappa=1)
  # 因子パーシモニーは，パラメータが 1
Orthogonal rotation method Crawford-Ferguson:k=1 converged.
Loadings:
       MR1     MR2     MR3
国語  0.0402  0.7993  0.426
社会  0.1599  0.4121  0.197
英語  0.0289  0.2328  0.504
数学  0.8684  0.0871  0.365
理科  0.5784  0.2065  0.302

Rotating matrix:
         [,1]    [,2]   [,3]
[1,]   0.611   0.549  0.570
[2,]  -0.738   0.655  0.160
[3,]  -0.285  -0.519  0.806
```

【実行例 C.1-5】関数 fa を使ったバイクォーティミン回転

```
> fa.result <- fa(five.data, nfactors=3, rotate="oblimin", gam=0.5)
  #回転で oblimin を指定し，パラメータ gam を 0.5
> print(fa.result, digits=3)
Factor Analysis using method =  minres
Call: fa(r = f, nfactors = 3, rotate = "oblimin", gam = 0.5)
Standardized loadings (pattern matrix) based upon correlation matrix
        MR1    MR2    MR3    h2    u2   com
国語 -0.160  1.061  0.123 0.822 0.178 1.07
社会  0.062  0.441 -0.004 0.234 0.766 1.04
英語  0.155  0.613  0.482 0.309 0.691 2.04
数学  1.100 -0.167  0.137 0.895 0.105 1.08
理科  0.685  0.075  0.093 0.469 0.531 1.06


                        MR1    MR2    MR3
SS loadings           1.476  1.372 -0.119
Proportion Var        0.295  0.274 -0.024
Cumulative Var        0.295  0.569  0.546
Proportion Explained  0.541  0.503 -0.044
Cumulative Proportion 0.541  1.044  1.000

 With factor correlations of
        MR1    MR2    MR3
MR1  1.000  0.614 -0.547
MR2  0.614  1.000 -0.606
MR3 -0.547 -0.606  1.000
… （以下略）
```

【実行例 C.1-6】関数 oblimin を使ったバイクォーティミン回転

```
> f3L <- fa(five.data, nfactors=3, rotate="none")$loadings
> ob.result <- oblimin(f3L, gam=0.5)   #関数 oblimin で，パラメータ gam に 0.5 を指定
> print(ob.result, digits=3)
  #Biquartimin と表示され，結果も fa を使った場合と同じ
Oblique rotation method Oblimin Biquartimin converged.
Loadings:
        MR1     MR2      MR3
国語 -0.160  1.0613  0.12283
社会  0.062  0.4408 -0.00406
英語  0.155  0.6127  0.48214
数学  1.100 -0.1667  0.13718
理科  0.685  0.0746  0.09317

Rotating matrix:
        [,1] [,2]  [,3]
[1,]   0.675 0.59 0.242
[2,] -1.083 1.20 0.104
```

```
[3,]  0.335 0.37 1.281

Phi:
        [,1]    [,2]    [,3]
[1,]   1.000  0.614 -0.547
[2,]   0.614  1.000 -0.606
[3,] -0.547 -0.606  1.000
```

【実行例 C.1-7】正規化した場合とそうでない場合のバリマックス回転

```
> fa(five.data, nfactors=3, rotate="varimax")
  #varimax なので，正規化している
Factor Analysis using method =  minres
Call: fa(r = f, nfactors = 3, rotate = "varimax")
Standardized loadings (pattern matrix) based upon correlation matrix
       MR1  MR2  MR3   h2   u2  com
国語  0.12 0.83 0.34 0.82 0.18 1.4
社会  0.19 0.43 0.12 0.23 0.77 1.6
英語  0.14 0.27 0.46 0.31 0.69 1.8
数学  0.93 0.12 0.14 0.89 0.11 1.1
理科  0.63 0.24 0.14 0.47 0.53 1.4

                         MR1  MR2  MR3
SS loadings             1.32 1.02 0.38
Proportion Var          0.26 0.20 0.08
Cumulative Var          0.26 0.47 0.55
Proportion Explained    0.49 0.37 0.14
Cumulative Proportion   0.49 0.86 1.00
… (以下略)

> fa(five.data, nfactors=3, rotate="Varimax")
  #Varimax なので，正規化していない
Factor Analysis using method =  minres
Call: fa(r = f, nfactors = 3, rotate = "Varimax")
Standardized loadings (pattern matrix) based upon correlation matrix
       MR1  MR2   MR3   h2   u2  com
国語  0.16 0.89  0.05 0.82 0.18 1.1
社会  0.21 0.44 -0.03 0.23 0.77 1.4
英語  0.18 0.40  0.34 0.31 0.69 2.4
数学  0.94 0.12  0.03 0.89 0.11 1.0
理科  0.64 0.24  0.02 0.47 0.53 1.3

                         MR1  MR2  MR3
SS loadings             1.39 1.21 0.12
Proportion Var          0.28 0.24 0.02
Cumulative Var          0.28 0.52 0.55
Proportion Explained    0.51 0.45 0.04
Cumulative Proportion   0.51 0.96 1.00
```

… （以下略）

─ 【実行例 C.1-8】 プロマックス回転でパラメータを変えてみる ─

```
> fa(five.data, nfactors=3, rotate="promax", pro.m=4)
   #パラメータ pro.m=4 と指定. デフォルトと同じ
Factor Analysis using method = minres
Call: fa(r = f, nfactors = 3, rotate = "promax", pro.m = 4)
Standardized loadings (pattern matrix) based upon correlation matrix
        MR1   MR2   MR3   h2   u2  com
国語 -0.14  0.89  0.11 0.82 0.18 1.1
社会  0.08  0.46 -0.04 0.23 0.77 1.1
英語  0.02  0.06  0.50 0.31 0.69 1.0
数学  0.99 -0.12  0.02 0.89 0.11 1.0
理科  0.62  0.10  0.01 0.47 0.53 1.0

                         MR1  MR2  MR3
SS loadings             1.34 1.04 0.35
Proportion Var          0.27 0.21 0.07
Cumulative Var          0.27 0.48 0.55
Proportion Explained    0.49 0.38 0.13
Cumulative Proportion   0.49 0.87 1.00

 With factor correlations of
      MR1  MR2  MR3
MR1 1.00 0.50 0.44
MR2 0.50 1.00 0.71
MR3 0.44 0.71 1.00
… （以下略）

> fa(five.data, nfactors=3, rotate="promax", pro.m=2)
   #パラメータ pro.m=2 と指定
Factor Analysis using method = minres
Call: fa(r = f, nfactors = 3, rotate = "promax", pro.m = 2)
Standardized loadings (pattern matrix) based upon correlation matrix
        MR1   MR2   MR3   h2   u2  com
国語 -0.05  0.82  0.18 0.82 0.18 1.1
社会  0.12  0.42  0.02 0.23 0.77 1.2
英語  0.05  0.15  0.45 0.31 0.69 1.2
数学  0.95 -0.04  0.03 0.89 0.11 1.0
理科  0.61  0.13  0.04 0.47 0.53 1.1

                         MR1  MR2  MR3
SS loadings             1.33 1.03 0.37
Proportion Var          0.27 0.21 0.07
Cumulative Var          0.27 0.47 0.55
Proportion Explained    0.49 0.38 0.14
Cumulative Proportion   0.49 0.86 1.00
```

```
   With factor correlations of
      MR1  MR2  MR3
MR1 1.00 0.35 0.31
MR2 0.35 1.00 0.49
MR3 0.31 0.49 1.00
… （以下略）
```

C.2 「7.1 変数の削除」の実行例

本文で紹介した親の接し方に関する質問回答の CSV ファイル（parents.csv）を
データフレーム pa.data に読み込んで実行してください。

【実行例 C.2-1】因子数の判断を

```
> fa.parallel(pa.data, fm="ml")
Parallel analysis suggests that the number of factors =  3  and
the number of components =  3
# 平行分析の結果は，因子数 3 を推奨
> vss(pa.data, fm="ml")
Very Simple Structure
Call: vss(x = pa.data, fm = "ml")
VSS complexity 1 achieves a maximimum of 0.67  with  3  factors
VSS complexity 2 achieves a maximimum of 0.8  with  7  factors

The Velicer MAP achieves a minimum of NA  with  1  factors
BIC achieves a minimum of  NA  with  3  factors
Sample Size adjusted BIC achieves a minimum of  NA  with  3  factors

Statistics by number of factors
  vss1 vss2  map dof  chisq    prob sqresid  fit RMSEA   BIC SABIC complex
1 0.34 0.00 0.068  20 1.7e+02 5.3e-26     7.3 0.34  0.19  64.1 127.4    1.0
2 0.56 0.59 0.080  13 7.4e+01 1.2e-10     4.5 0.59  0.15   4.9  46.1    1.2
3 0.67 0.75 0.094   7 5.8e+00 5.6e-01     2.7 0.76  0.00 -31.6  -9.4    1.3
4 0.63 0.75 0.156   2 7.4e-01 6.9e-01     2.4 0.78  0.00 -10.0  -3.6    1.3
5 0.63 0.76 0.285  -2 1.3e-07      NA     2.2 0.80    NA    NA    NA    1.4
6 0.58 0.78 0.486  -5 6.2e-11      NA     1.6 0.85    NA    NA    NA    1.4
7 0.58 0.80 1.000  -7 3.6e-13      NA     1.2 0.89    NA    NA    NA    1.4
8 0.60 0.68    NA  -8 2.1e+01      NA     3.2 0.71    NA    NA    NA    1.4
    eChisq    SRMR eCRMS eBIC
1 3.1e+02 1.6e-01 0.192  204
2 1.1e+02 9.5e-02 0.140   38
3 5.7e+00 2.2e-02 0.044  -32
4 5.5e-01 6.8e-03 0.026  -10
5 1.2e-07 3.2e-06    NA   NA
6 6.6e-11 7.5e-08    NA   NA
7 2.2e-13 4.3e-09    NA   NA
```

```
8 1.9e+01 4.0e-02    NA    NA
#vss1 では因子数 3 で .67 と最大，vss2 では因子数 7 で .80 と最大
#map では因子数 1 で 0.068 と最小
#BIC では因子数 3 で -31.6 と最小
#SABIC では因子数 3 で -9.4 と最小
#chisq の prob を見ると，因子数 3,4 で適合
```

【実行例 C.2-2】因子数 2 で分析

```
> fa.result <- fa(pa.data, nfactors=2, fm="ml", rotate="varimax")
> print(fa.result, cutoff=0, digits=3)
Factor Analysis using method =  ml
Call: fa(r = pa.data, nfactors = 2, rotate = "varimax", fm = "ml")
Standardized loadings (pattern matrix) based upon correlation matrix
      ML1    ML2    h2     u2   com
Q1 -0.088  0.779 0.6138 0.386 1.03
Q2  0.022  0.598 0.3579 0.642 1.00
Q3  0.185  0.530 0.3155 0.685 1.24
Q4  0.908  0.063 0.8287 0.171 1.01
Q5  0.611  0.079 0.3800 0.620 1.03
Q6  0.373  0.032 0.1402 0.860 1.01
Q7  0.287  0.046 0.0842 0.916 1.05
Q8 -0.121 -0.153 0.0378 0.962 1.90


                        ML1   ML2
SS loadings           1.477 1.281
Proportion Var        0.185 0.160
Cumulative Var        0.185 0.345
Proportion Explained  0.535 0.465
Cumulative Proportion 0.535 1.000


Mean item complexity =  1.2
Test of the hypothesis that 2 factors are sufficient.

The degrees of freedom for the null model are  28  and
 the objective function was  1.474 0 with Chi Square of  304.37
The degrees of freedom for the model are 13  and
 the objective function was  0.363
 0
The root mean square of the residuals (RMSR) is  0.095
The df corrected root mean square of the residuals is  0.14
 0
The harmonic number of observations is  211 with
 the empirical chi square 107.42  with prob <  5.96e-17
 0The total number of observations was  211  with
  Likelihood Chi Square =  74.452  with prob <  1.2e-10
 0
Tucker Lewis Index of factoring reliability =  0.5177
```

RMSEA index = 0.1522 and the 90 % confidence intervals are 0.118 0.184 0
BIC = 4.878
Fit based upon off diagonal values = 0.83
Measures of factor score adequacy
	ML1	ML2
Correlation of (regression) scores with factors	0.922	0.848
Multiple R square of scores with factors	0.851	0.720
Minimum correlation of possible factor scores	0.701	0.440

【実行例 C.2-3】因子数 3 で分析

```
> fa.result <- fa(pa.data, nfactors=3, fm="ml", rotate="varimax")
> print(fa.result, cutoff=0, digits=3)
Factor Analysis using method = ml
Call: fa(r = pa.data, nfactors = 3, rotate = "varimax", fm = "ml")
Standardized loadings (pattern matrix) based upon correlation matrix
      ML2    ML1    ML3     h2    u2   com
Q1  0.774 -0.057 -0.059 0.6056 0.394 1.02
Q2  0.609 -0.023  0.155 0.3951 0.605 1.13
Q3  0.531  0.226 -0.015 0.3329 0.667 1.35
Q4  0.044  0.815  0.277 0.7430 0.257 1.23
Q5  0.068  0.683  0.043 0.4736 0.526 1.03
Q6  0.016  0.133  0.802 0.6605 0.339 1.06
Q7  0.038  0.081  0.652 0.4332 0.567 1.04
Q8 -0.151 -0.084 -0.144 0.0506 0.949 2.55

                        ML2   ML1   ML3
SS loadings           1.282 1.217 1.195
Proportion Var        0.160 0.152 0.149
Cumulative Var        0.160 0.312 0.462
Proportion Explained  0.347 0.330 0.323
Cumulative Proportion 0.347 0.677 1.000

Mean item complexity =  1.3
Test of the hypothesis that 3 factors are sufficient.

The degrees of freedom for the null model are  28  and
 the objective function was  1.474 0 with Chi Square of   304.37
The degrees of freedom for the model are 7  and
 the objective function was  0.029
 0
The root mean square of the residuals (RMSR) is  0.022
The df corrected root mean square of the residuals is  0.044
 0
The harmonic number of observations is  211 with
 the empirical chi square 5.737 with prob <  0.571
 0The total number of observations was  211
  with Likelihood Chi Square = 5.835 with prob <  0.559
```

```
 0
Tucker Lewis Index of factoring reliability =  1.017
RMSEA index =  0  and the 90 % confidence intervals are  0 0.0758 0
BIC =  -31.628
Fit based upon off diagonal values = 0.991
Measures of factor score adequacy
                                                  ML2   ML1   ML3
Correlation of (regression) scores with factors  0.849 0.871 0.851
Multiple R square of scores with factors         0.720 0.759 0.724
Minimum correlation of possible factor scores    0.441 0.519 0.447
```

─ 【実行例 C.2-4】因子数 4 で分析 ─

```
> fa.result <- fa(pa.data, nfactors=4, fm="ml", rotate="varimax")
> print(fa.result, cutoff=0, digits=3)
Factor Analysis using method =  ml
Call: fa(r = pa.data, nfactors = 4, rotate = "varimax", fm = "ml")
Standardized loadings (pattern matrix) based upon correlation matrix
      ML1    ML2    ML3    ML4    h2    u2   com
Q1 -0.015  0.991 -0.076  0.084 0.995 0.005 1.03
Q2 -0.006  0.461  0.138  0.267 0.303 0.697 1.81
Q3  0.189  0.356 -0.070  0.546 0.466 0.534 2.04
Q4  0.965  0.003  0.243  0.063 0.995 0.005 1.14
Q5  0.573  0.003  0.041  0.146 0.352 0.648 1.14
Q6  0.155  0.017  0.753  0.070 0.596 0.404 1.10
Q7  0.071  0.019  0.683  0.107 0.484 0.516 1.07
Q8 -0.058 -0.044 -0.121 -0.315 0.119 0.881 1.41


                        ML1   ML2   ML3   ML4
SS loadings           1.329 1.324 1.139 0.518
Proportion Var        0.166 0.166 0.142 0.065
Cumulative Var        0.166 0.332 0.474 0.539
Proportion Explained  0.308 0.307 0.264 0.120
Cumulative Proportion 0.308 0.616 0.880 1.000


Mean item complexity =  1.3
Test of the hypothesis that 4 factors are sufficient.

The degrees of freedom for the null model are  28  and
 the objective function was  1.474 0 with Chi Square of  304.37
The degrees of freedom for the model are 2  and
 the objective function was  0.004
 0
The root mean square of the residuals (RMSR) is  0.007
The df corrected root mean square of the residuals is  0.026
 0
The harmonic number of observations is  211 with
 the empirical chi square  0.55  with prob <  0.759
```

```
 0The total number of observations was  211  with
  Likelihood Chi Square =  0.736  with prob <  0.692
  0
Tucker Lewis Index of factoring reliability = 1.065
RMSEA index = 0  and the 90 % confidence intervals are  0 0.1017 0
BIC =  -9.968
Fit based upon off diagonal values = 0.999
Measures of factor score adequacy
                                                   ML1   ML2   ML3   ML4
Correlation of (regression) scores with factors  0.987 0.994 0.832  0.641
Multiple R square of scores with factors         0.974 0.988 0.693  0.410
Minimum correlation of possible factor scores    0.948 0.977 0.385 -0.179
```

【実行例 C.2-5】因子数3で項目8を削除して分析

```
> pa1.data <- pa.data[1:7]     # 項目8を除いてデータフレーム pa1.data に
> head(pa1.data)          # 頭 (head) のほうだけ表示. 項目8が除かれていることを確認
  Q1 Q2 Q3 Q4 Q5 Q6 Q7
1  1  2  2  4  4  4  4
2  1  1  1  1  3  3  3
3  1  2  3  2  2  3  4
4  2  4  2  4  1  3  4
5  2  4  2  1  1  3  3
6  1  2  2  4  4  3  3

> fa.result <- fa(pa1.data, nfactors=3, fm="ml", rotate="varimax")
> print(fa.result, cutoff=0, digits=3)
Factor Analysis using method = ml
Call: fa(r = pa1.data, nfactors = 3, rotate = "varimax", fm = "ml")
Standardized loadings (pattern matrix) based upon correlation matrix
      ML2    ML1    ML3    h2    u2   com
Q1 0.801 -0.052 -0.062 0.648 0.352 1.02
Q2 0.596 -0.013  0.149 0.378 0.622 1.12
Q3 0.512  0.229 -0.023 0.316 0.684 1.39
Q4 0.039  0.823  0.269 0.751 0.249 1.22
Q5 0.061  0.681  0.036 0.469 0.531 1.02
Q6 0.021  0.140  0.808 0.672 0.328 1.06
Q7 0.039  0.089  0.645 0.425 0.575 1.05

                       ML2   ML1   ML3
SS loadings          1.267 1.224 1.168
Proportion Var       0.181 0.175 0.167
Cumulative Var       0.181 0.356 0.523
Proportion Explained 0.346 0.335 0.319
Cumulative Proportion 0.346 0.681 1.000

Mean item complexity =  1.1
Test of the hypothesis that 3 factors are sufficient.
```

```
The degrees of freedom for the null model are  21  and
 the objective function was  1.413 0 with Chi Square of  292.18
The degrees of freedom for the model are 3  and
 the objective function was  0.007
 0
The root mean square of the residuals (RMSR) is  0.009
The df corrected root mean square of the residuals is  0.024
 0
The harmonic number of observations is  211 with
 the empirical chi square  0.743  with prob <  0.863
 0The total number of observations was  211  with
  Likelihood Chi Square =  1.342  with prob <  0.719
 0

Tucker Lewis Index of factoring reliability =  1.0432
RMSEA index =  0  and the 90 % confidence intervals are  0 0.0845 0
BIC =  -14.713
Fit based upon off diagonal values = 0.999
Measures of factor score adequacy
                                              ML2   ML1   ML3
Correlation of (regression) scores with factors  0.858 0.875 0.852
Multiple R square of scores with factors      0.735 0.766 0.726
Minimum correlation of possible factor scores  0.471 0.531 0.453
```

C.3 「9.2 共分散構造分析との違い」の実行例

本文で分析をした授業評価アンケートデータの set.data のデータフレームを利用してください。

┌─【実行例 C.3-1】構造方程式モデリング（検証的因子分析）の実行 ─

```
> library(lavaan)    # 構造方程式モデリングで使うライブラリを読み込む
This is lavaan 0.5-23.1097
lavaan is BETA software! Please report any bugs.

 次のパッケージを付け加えます：‘ lavaan ’

 以下のオブジェクトは‘ package:psych ’からマスクされています：

    cor2cov

> model0 <-            # モデルの定義
+  'f1 =~ q1 + q2 + q3
+  f2 =~ q4 + q5 + q6
+  f3 =~ q7 + q8 + q9
+  f1 ~~ f2
+  f2 ~~ f3
```

```
+   f3 ~~ f1'
> fit0 <- sem(model=model0, data=set.data, estimator="ml")   # 分析の実行
> summary(object=fit0, fit.measure=TRUE)   # 結果の概要について適合度も併せて出力
```

lavaan (0.5-23.1097) converged normally after 33 iterations

```
  Number of observations                          257

  Estimator                                        ML
  Minimum Function Test Statistic              60.107
  Degrees of freedom                               24
  P-value (Chi-square)                          0.000

Model test baseline model:

  Minimum Function Test Statistic             969.982
  Degrees of freedom                               36
  P-value                                       0.000

User model versus baseline model:

  Comparative Fit Index (CFI)                   0.961
  Tucker-Lewis Index (TLI)                      0.942

Loglikelihood and Information Criteria:

  Loglikelihood user model (H0)             -2499.016
  Loglikelihood unrestricted model (H1)     -2468.963

  Number of free parameters                        21
  Akaike (AIC)                               5040.032
  Bayesian (BIC)                             5114.563
  Sample-size adjusted Bayesian (BIC)        5047.987

Root Mean Square Error of Approximation:

  RMSEA                                         0.077
  90 Percent Confidence Interval        0.053   0.101
  P-value RMSEA <= 0.05                         0.036

Standardized Root Mean Square Residual:

  SRMR                                          0.051

Parameter Estimates:

  Information                                Expected
  Standard Errors                            Standard

Latent Variables:
                  Estimate  Std.Err  z-value  P(>|z|)
```

```
 f1 =~
   q1                1.000
   q2                0.708   0.076    9.254   0.000
   q3                0.836   0.096    8.698   0.000
 f2 =~
   q4                1.000
   q5                0.828   0.055   15.103   0.000
   q6                0.970   0.048   20.296   0.000
 f3 =~
   q7                1.000
   q8                0.516   0.092    5.614   0.000
   q9                0.894   0.141    6.335   0.000

Covariances:
                  Estimate  Std.Err  z-value  P(>|z|)
 f1 ~~
   f2                0.419   0.056    7.491   0.000
 f2 ~~
   f3                0.315   0.049    6.465   0.000
 f1 ~~
   f3                0.275   0.048    5.762   0.000

Variances:
                  Estimate  Std.Err  z-value  P(>|z|)
  .q1               0.226   0.051    4.386   0.000
  .q2               0.445   0.047    9.374   0.000
  .q3               0.781   0.079    9.829   0.000
  .q4               0.123   0.023    5.316   0.000
  .q5               0.352   0.035   10.018   0.000
  .q6               0.149   0.023    6.359   0.000
  .q7               0.434   0.055    7.873   0.000
  .q8               0.280   0.028   10.000   0.000
  .q9               0.527   0.058    9.153   0.000
   f1               0.626   0.087    7.226   0.000
   f2               0.667   0.072    9.285   0.000
   f3               0.295   0.065    4.534   0.000
```

【実行例 C.3-2】検証的因子分析モデルの修正

```
> subset(modificationIndices(fit0), mi>5)     # 修正指標 (mi) 5以上を出力
   lhs op rhs     mi    epc  sepc.lv  sepc.all  sepc.nox
26  f1 =~  q5 13.778  0.301   0.238     0.265     0.265
32  f2 =~  q2  8.413  0.292   0.238     0.273     0.273
37  f3 =~  q1  5.207 -0.568  -0.309    -0.335    -0.335
38  f3 =~  q2 10.961  0.613   0.333     0.383     0.383
40  f3 =~  q4  8.794 -0.425  -0.231    -0.260    -0.260
41  f3 =~  q5 13.634  0.599   0.325     0.362     0.362
44  q1 ~~  q3 12.424  0.232   0.232     0.228     0.228
```

```
51   q2  ~~   q3  6.783 -0.126  -0.126  -0.131  -0.131
56   q2  ~~   q8 12.840  0.089   0.089   0.170   0.170
65   q4  ~~   q6 18.905  0.195   0.195   0.249   0.249
68   q4  ~~   q9  5.719 -0.056  -0.056  -0.072  -0.072
69   q4  ~~   q6  5.707 -0.068  -0.068  -0.086  -0.086
```
#mi が 10 以上で，観測変数間のところに着目
```
> model1 <-     # モデル（model1）を新しく定義
+   'f1 =~ q1 + q2 + q3
+   f2 =~ q4 + q5 + q6
+   f3 =~ q7 + q8 + q9
+   f1 ~~ f2
+   f2 ~~ f3
+   f3 ~~ f1
+   q1 ~~ q3      # 新たに追加
+   q4 ~~ q6      # 新たに追加
+   q2 ~~ q8'     # 新たに追加
> fit1 <- sem(model=model1, data=set.data, estimator="ml")
> summary(object=fit1, fit.measure=TRUE)
lavaan (0.5-23.1097) converged normally after  37 iterations

  Number of observations                           257

  Estimator                                         ML
  Minimum Function Test Statistic               20.657
  Degrees of freedom                                21
  P-value (Chi-square)                           0.480

Model test baseline model:

  Minimum Function Test Statistic              969.982
  Degrees of freedom                                36
  P-value                                        0.000

User model versus baseline model:

  Comparative Fit Index (CFI)                    1.000
  Tucker-Lewis Index (TLI)                       1.001

Loglikelihood and Information Criteria:

  Loglikelihood user model (H0)              -2479.291
  Loglikelihood unrestricted model (H1)      -2468.963

  Number of free parameters                         24
  Akaike (AIC)                                5006.583
  Bayesian (BIC)                              5091.761
  Sample-size adjusted Bayesian (BIC)         5015.673

Root Mean Square Error of Approximation:

  RMSEA                                          0.000
```

```
90 Percent Confidence Interval           0.000 0.052
P-value RMSEA <= 0.05                           0.939

Standardized Root Mean Square Residual:

 SRMR                                            0.023

Parameter Estimates:

 Information                              Expected
 Standard Errors                         Standard

Latent Variables:
                 Estimate  Std.Err  z-value  P(>|z|)
 f1 =~
  q1             1.000
  q2             0.843     0.096    8.755    0.000
  q3             0.762     0.099    7.724    0.000
 f2 =~
  q4             1.000
  q5             1.046     0.085    12.298   0.000
  q6             0.963     0.049    19.647   0.000
 f3 =~
  q7             1.000
  q8             0.532     0.094    5.688    0.000
  q9             0.918     0.144    6.387    0.000

Covariances:
                 Estimate  Std.Err  z-value  P(>|z|)
 f1 ~~
  f2             0.398     0.055    7.265    0.000
 f2 ~~
  f3             0.302     0.047    6.376    0.000
 f1 ~~
  f3             0.258     0.046    5.588    0.000
.q1 ~~
 .q3             0.166     0.057    2.892    0.004
.q4 ~~
 .q6             0.154     0.036    4.274    0.000
.q2 ~~
 .q8             0.077     0.025    3.038    0.002

Variances:
                 Estimate  Std.Err  z-value  P(>|z|)
 .q1            0.335     0.057    5.849    0.000
 .q2            0.392     0.049    7.994    0.000
 .q3            0.918     0.095    9.638    0.000
 .q4            0.271     0.040    6.707    0.000
 .q5            0.240     0.040    6.019    0.000
 .q6            0.295     0.041    7.188    0.000
 .q7            0.444     0.055    8.135    0.000
```

```
         .q8            0.278   0.028   9.983   0.000
         .q9            0.523   0.057   9.129   0.000
          f1            0.517   0.085   6.104   0.000
          f2            0.519   0.073   7.098   0.000
          f3            0.286   0.064   4.486   0.000
```

【実行例 C.3-3】検証的因子分析モデルの標準化係数の出力

```
> standardizedSolution(fit1)     # 標準化係数を出力
   lhs op rhs est.std    se      z pvalue
1   f1 =~  q1   0.779 0.044 17.580  0.000
2   f1 =~  q2   0.696 0.046 15.144  0.000
3   f1 =~  q3   0.496 0.063  7.919  0.000
4   f2 =~  q4   0.811 0.033 24.384  0.000
5   f2 =~  q5   0.838 0.031 26.949  0.000
6   f2 =~  q6   0.788 0.035 22.427  0.000
7   f3 =~  q7   0.626 0.056 11.105  0.000
8   f3 =~  q8   0.475 0.062  7.699  0.000
9   f3 =~  q9   0.561 0.058  9.636  0.000
10  f1 ~~  f2   0.769 0.050 15.483  0.000
11  f2 ~~  f3   0.785 0.060 12.998  0.000
12  f1 ~~  f3   0.671 0.074  9.096  0.000
13  q1 ~~  q3   0.299 0.081  3.704  0.000
14  q4 ~~  q6   0.544 0.065  8.348  0.000
15  q2 ~~  q8   0.232 0.071  3.292  0.001
16  q1 ~~  q1   0.393 0.069  5.689  0.000
17  q2 ~~  q2   0.516 0.064  8.079  0.000
18  q3 ~~  q3   0.754 0.062 12.112  0.000
19  q4 ~~  q4   0.343 0.054  6.366  0.000
20  q5 ~~  q5   0.297 0.052  5.702  0.000
21  q6 ~~  q6   0.380 0.055  6.864  0.000
22  q7 ~~  q7   0.609 0.070  8.632  0.000
23  q8 ~~  q8   0.774 0.059 13.199  0.000
24  q9 ~~  q9   0.685 0.065 10.470  0.000
25  f1 ~~  f1   1.000 0.000     NA     NA
26  f2 ~~  f2   1.000 0.000     NA     NA
27  f3 ~~  f3   1.000 0.000     NA     NA
```

【実行例 C.3-4】多重指標モデル

```
> model2 <- 'f1 =~ q1 + q2 + q3   # モデルの定義
+   f2 =~ q4 + q5 + q6
+   f3 =~ q7 + q8 + q9
+   f3 ~ f2   # 相関ではなく, f3 → f2
+   f2 ~ f1   # 相関ではなく, f2 → f1
+   q1 ~~ q3
```

```
+   q4 ~~ q6
+   q2 ~~ q8'
> fit2 <- sem(model=model2, data=set.data, estimator="ml")
> summary(object=fit2, fit.measure=T)
lavaan (0.5-23.1097) converged normally after  33 iterations

  Number of observations                          257

  Estimator                                        ML
  Model Fit Test Statistic                     21.617
  Degrees of freedom                               22
  P-value (Chi-square)                          0.483

Model test baseline model:

  Minimum Function Test Statistic             969.982
  Degrees of freedom                               36
  P-value                                       0.000

User model versus baseline model:

  Comparative Fit Index (CFI)                   1.000
  Tucker-Lewis Index (TLI)                      1.001

Loglikelihood and Information Criteria:

  Loglikelihood user model (H0)             -2479.771
  Loglikelihood unrestricted model (H1)     -2468.963

  Number of free parameters                        23
  Akaike (AIC)                               5005.542
  Bayesian (BIC)                             5087.171
  Sample-size adjusted Bayesian (BIC)        5014.254

Root Mean Square Error of Approximation:

  RMSEA                                         0.000
  90 Percent Confidence Interval      0.000   0.051
  P-value RMSEA <= 0.05                         0.944

Standardized Root Mean Square Residual:

  SRMR                                          0.024

Parameter Estimates:
  Information                                Expected
  Standard Errors                            Standard

Latent Variables:
                  Estimate  Std.Err  z-value  P(>|z|)
  f1 =~
```

```
  q1                1.000
  q2                0.844    0.097    8.741    0.000
  q3                0.762    0.099    7.720    0.000
f2 =~
  q4                1.000
  q5                1.047    0.084   12.463    0.000
  q6                0.965    0.049   19.644    0.000
f3 =~
  q7                1.000
  q8                0.535    0.094    5.693    0.000
  q9                0.916    0.144    6.353    0.000

Regressions:
                  Estimate  Std.Err  z-value  P(>|z|)
  f3 ~
    f2              0.594    0.077    7.742    0.000
  f2 ~
    f1              0.782    0.095    8.244    0.000

Covariances:
                  Estimate  Std.Err  z-value  P(>|z|)
 .q1 ~~
   .q3              0.168    0.057    2.925    0.003
 .q4 ~~
   .q6              0.157    0.035    4.477    0.000
 .q2 ~~
   .q8              0.080    0.025    3.217    0.001

Variances:
                  Estimate  Std.Err  z-value  P(>|z|)
   .q1              0.337    0.057    5.909    0.000
   .q2              0.392    0.049    7.989    0.000
   .q3              0.919    0.095    9.656    0.000
   .q4              0.275    0.040    6.958    0.000
   .q5              0.244    0.039    6.297    0.000
   .q6              0.297    0.040    7.391    0.000
   .q7              0.446    0.055    8.167    0.000
   .q8              0.277    0.028    9.975    0.000
   .q9              0.526    0.057    9.167    0.000
    f1              0.514    0.084    6.090    0.000
   .f2              0.200    0.044    4.556    0.000
   .f3              0.102    0.037    2.740    0.006
```

【実行例 C.3-5】多重指標モデルの標準化係数の出力

```
> standardizedSolution(fit2)
   lhs op rhs est.std    se      z pvalue
1   f1 =~  q1   0.777 0.044 17.532      0
2   f1 =~  q2   0.695 0.046 15.123      0
3   f1 =~  q3   0.496 0.063  7.913      0
4   f2 =~  q4   0.807 0.033 24.683      0
5   f2 =~  q5   0.835 0.030 27.441      0
6   f2 =~  q6   0.786 0.035 22.756      0
7   f3 =~  q7   0.623 0.056 11.045      0
8   f3 =~  q8   0.476 0.062  7.730      0
9   f3 =~  q9   0.558 0.058  9.550      0
10  f3  ~  f2   0.801 0.058 13.873      0
11  f2  ~  f1   0.781 0.047 16.455      0
12  q1 ~~  q3   0.301 0.080  3.750      0
13  q4 ~~  q6   0.549 0.063  8.756      0
14  q2 ~~  q8   0.242 0.069  3.484      0
15  q1 ~~  q1   0.396 0.069  5.748      0
16  q2 ~~  q2   0.517 0.064  8.081      0
17  q3 ~~  q3   0.754 0.062 12.158      0
18  q4 ~~  q4   0.348 0.053  6.591      0
19  q5 ~~  q5   0.302 0.051  5.945      0
20  q6 ~~  q6   0.382 0.054  7.047      0
21  q7 ~~  q7   0.611 0.070  8.685      0
22  q8 ~~  q8   0.773 0.059 13.178      0
23  q9 ~~  q9   0.689 0.065 10.562      0
24  f1 ~~  f1   1.000 0.000     NA     NA
25  f2 ~~  f2   0.389 0.074  5.248      0
26  f3 ~~  f3   0.359 0.092  3.878      0
```

【実行例 C.3-6】R によるパス図

```
> library(semPlot)       # パス図作成のライブラリの読み込み

> semPaths(fit1, "model1", "std", style="lisrel", rotation=2, nDigits=3,
+ edge.label.cex=1.0, curve=1.8, edge.color="black", edge.label.position=.4)
   # 確認的因子分析のモデル model1，その分析結果 fit1 を使って図の作成（図 C-1）

> semPaths(fit2, "model2", "std", style="lisrel", rotation=2, nDigits=3,
+ edge.label.cex=1.0, curve=1.8, edge.color="black", edge.label.position=.4)
   # 多重指標モデル model2，その分析結果 fit2 を使って図の作成（図 C-2）

   #std: 標準化係数の出力
   #lisrel: 図のスタイルの指定
   #edge.label.cex: 係数のフォントの大きさ
   #curve: 結ぶ線の曲がり具合
   #edge.color: 係数の文字色
```

#edge.label.position: 係数表示の線上の位置

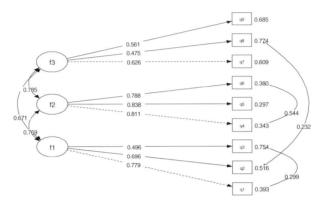

図 C-1　R で描いた検証的因子分析のパス図

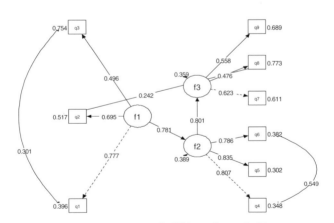

図 C-2　R で描いた多重指標モデルのパス図

C.4 「10.1 変数がすべてを決める」の実行例

授業評価 12 項目のアンケート結果の CSV ファイル(set12.csv)をデータフレーム set12.data として読み込んで実行してください。

【実行例 C.4-1】10 項目 3 因子での因子分析

```
> head(set12.data)
  no q1 q2 q3 q4 q5 q6 q7 q8 q9 q10 q11 q12
1  1  3  4  3  3  4  4  5  5  5   0   2   1
2  2  4  4  3  4  4  3  4  4  4   3   3   1
3  3  4  5  3  5  5  5  5  5  5   0   0   0
4  4  3  4  1  4  3  5  2  5  2   0   3   0
5  5  4  4  3  4  4  4  4  5  5   0   0   4
6  6  3  4  1  3  3  3  3  5  3   0   2   1
  # データの確認. 最初の列に番号がある
> set10.data <- set12.data[2:11]
  # データの 10 項目の部分だけを抽出
> head(set10.data)
  q1 q2 q3 q4 q5 q6 q7 q8 q9 q10
1  3  4  3  3  4  4  5  5  5   0
2  4  4  3  4  4  3  4  4  4   3
3  4  5  3  5  5  5  5  5  5   0
4  3  4  1  4  3  5  2  5  2   0
5  4  4  3  4  4  4  4  5  5   0
6  3  4  1  3  3  3  3  5  3   0
  # データの確認. 12 項目のうち 10 項目部分だけ抽出できている
> fa.result <- fa(set10.data, nfactors=3, rotate="varimax")
  # 因子数 3 で分析
> print(fa.result, digits=3)
Factor Analysis using method =  minres
Call: fa(r = set10.data, nfactors = 3, rotate = "varimax")
Standardized loadings (pattern matrix) based upon correlation matrix
      MR1    MR3   MR2    h2      u2     com
q1  0.252  0.237 0.936 0.9953 0.00472 1.28
q2  0.213  0.440 0.393 0.3937 0.60633 2.44
q3  0.191  0.200 0.492 0.3190 0.68100 1.65
q4  0.882  0.354 0.199 0.9432 0.05680 1.43
q5  0.508  0.505 0.289 0.5969 0.40307 2.57
q6  0.713  0.473 0.167 0.7595 0.24052 1.87
q7  0.218  0.516 0.136 0.3325 0.66752 1.50
q8  0.052  0.564 0.089 0.3290 0.67099 1.07
q9  0.147  0.443 0.196 0.2563 0.74369 1.63
q10 0.103 -0.003 0.056 0.0138 0.98616 1.55

                      MR1   MR3   MR2
SS loadings         1.772 1.675 1.492
Proportion Var      0.177 0.168 0.149
Cumulative Var      0.177 0.345 0.494
```

```
Proportion Explained   0.359 0.339 0.302
Cumulative Proportion 0.359 0.698 1.000

Mean item complexity =  1.7
Test of the hypothesis that 3 factors are sufficient.

The degrees of freedom for the null model are  45  and
 the objective function was  3.764 with Chi Square of   936.693
The degrees of freedom for the model are 18  and
 the objective function was  0.086

The root mean square of the residuals (RMSR) is  0.027
The df corrected root mean square of the residuals is  0.042

The harmonic number of observations is  254 with
 the empirical chi square  16.329  with prob <  0.57
The total number of observations was  254  with
 Likelihood Chi Square =  21.32  with prob <  0.264

Tucker Lewis Index of factoring reliability =  0.9906
RMSEA index =  0.0291  and the 90 % confidence intervals are  0 0.0648
BIC =  -78.352
Fit based upon off diagonal values = 0.995
Measures of factor score adequacy
                                                    MR1   MR3   MR2
Correlation of (regression) scores with factors  0.932 0.771 0.992
Multiple R square of scores with factors          0.868 0.595 0.983
Minimum correlation of possible factor scores     0.735 0.189 0.966
```

── 【実行例 C.4-2】12 項目 4 因子での因子分析 ──

```
> fa.result <- fa(set12.data[2:13], nfactors=4, rotate="varimax")
  #データの 12 項目の部分を抽出し、因子数 4 で分析
> print(fa.result, digits=3)
Factor Analysis using method = minres
Call: fa(r = set12.data[2:13], nfactors = 4, rotate = "varimax")
Standardized loadings (pattern matrix) based upon correlation matrix
       MR1    MR3    MR4    MR2     h2     u2  com
q1   0.217  0.904  0.219  0.036  0.913 0.0869 1.24
q2   0.240  0.420  0.404 -0.024  0.398 0.6024 2.59
q3   0.173  0.536  0.164 -0.043  0.346 0.6537 1.42
q4   0.903  0.272  0.233  0.013  0.945 0.0554 1.32
q5   0.535  0.335  0.443  0.065  0.598 0.4017 2.69
q6   0.755  0.223  0.376  0.015  0.762 0.2381 1.67
q7   0.294  0.160  0.452 -0.036  0.318 0.6820 2.02
q8   0.117  0.092  0.563 -0.007  0.339 0.6608 1.14
q9   0.174  0.211  0.437  0.066  0.270 0.7301 1.85
q10  0.077  0.059 -0.019  0.916  0.849 0.1506 1.02
```

```
q11  0.038 -0.041 -0.040  0.342 0.122 0.8781 1.08
q12 -0.074  0.011  0.080  0.440 0.206 0.7943 1.13

                           MR1   MR3   MR4   MR2
SS loadings                1.950 1.600 1.351 1.165
Proportion Var             0.163 0.133 0.113 0.097
Cumulative Var             0.163 0.296 0.408 0.505
Proportion Explained       0.322 0.264 0.223 0.192
Cumulative Proportion 0.322 0.585 0.808 1.000

Mean item complexity =  1.6
Test of the hypothesis that 4 factors are sufficient.
The degrees of freedom for the null model are  66  and
 the objective function was  4.111 with Chi Square of  1020.225
The degrees of freedom for the model are 24  and
 the objective function was  0.126

The root mean square of the residuals (RMSR) is  0.027
The df corrected root mean square of the residuals is  0.044

The harmonic number of observations is  254 with
 the empirical chi square  23.827  with prob <  0.472
The total number of observations was  254  with
 Likelihood Chi Square =  31.028  with prob <  0.153

Tucker Lewis Index of factoring reliability =  0.9795
RMSEA index =  0.0362  and the 90 % confidence intervals are  0 0.0649
BIC =  -101.868
Fit based upon off diagonal values = 0.993
Measures of factor score adequacy
                                              MR1   MR3   MR4   MR2
Correlation of (regression) scores with factors  0.950 0.937 0.747 0.926
Multiple R square of scores with factors          0.903 0.878 0.558 0.857
Minimum correlation of possible factor scores     0.807 0.755 0.115 0.714
```

参考文献

荒武美沙（2016）．親の養育タイプの差が大学生の自尊心に与える影響について　北九州市立大学文学部人間関係学科卒業論文（未刊行）

堀　啓造（2005）．因子分析における因子数決定法──平行分析を中心にして　香川大学経済論叢，**77**（4），35-70.

市川雅教（2010）．因子分析（シリーズ行動計量の科学）　朝倉書店

川端一光・岩間徳兼・鈴木雅之（2018）．Rによる多変量解析入門──データ分析の実践と理論　オーム社

　（タイトル通りRを使った多変量解析。探索的因子分析・確認的因子分析の記述が46ページ）

松尾太加志（2010a）．因子分析のやり方①──因子の抽出法と因子数の決定（連載：因子分析，その使い方間違っていませんか？　第3回）　医学教育，**41**（2），128-131.

松尾太加志（2010b）．因子分析のやり方②──軸の回転（連載：因子分析，その使い方間違っていませんか？　第4回）　医学教育，**41**（3），217-221.

松尾太加志（2010c）．因子分析のやり方③──因子名の決定と観測変数の吟味（連載：因子分析，その使い方間違っていませんか？　第5回）　医学教育，**41**（4），311-315.

松尾太加志（2010d）．因子分析以外の手法を使う──共分散構造分析との違い（連載：因子分析，その使い方間違っていませんか？　第7回）　医学教育，**41**（6），449-452.

松尾太加志（2011）．統計分析に対する正しい理解を（連載：因子分析，その使い方間違っていませんか？　第8回）　医学教育，**42**（1），37-39.

松尾太加志・中村知靖（2002）．誰も教えてくれなかった因子分析──数式が絶対に出てこない因子分析入門　北大路書房

大櫛陽一（2016）．フリーソフトRを使ったらくらく医療統計解析入門──すぐに使える事例データと実用Rスクリプト付き　中山書店

　（Rを使って統計分析を行う際の初心者向けの入門書。因子分析の記述は4ページ）

Pearson, R., Mundfrom, D. J., & Piccone, A.V.（2013）．A comparison of ten methods for determining the number of factors in exploratory factor analysis. *Multiple Linear Regression Viewpoints*, **39**, 1-15.

R Core Team（2018）．R: A language and environment for statistical computing.　R Foundation for Statistical Computing, Vienna, Austria.

　　https://www.r-project.org/

豊田秀樹（編著）（2012）．因子分析入門――Rで学ぶ最新データ解析　東京図書（数理的な記述がかなり多い。因子分析をしっかり学ぶにはよい本）

豊田秀樹（編著）（2014）．共分散構造分析［R編］――構造方程式モデリング　東京図書

山田剛史・村井潤一郎・杉澤武俊（2015）．Rによる心理データ解析　ナカニシヤ出版（因子分析はもともと心理学の分野から広がったもの。因子分析の記述は9ページのほかに，尺度作成に因子分析を使った例として30ページほどの紹介）

本書で使用したデータ

　本書で使用したデータ等は，「松尾太加志研究室 Web サイト」および「北大路書房 Web サイト」の本書の紹介ページで公開します。以下のページにアクセスしてください。

　　http://mlab.arrow.jp/r_factor/index.htm

　　https://www.kitaohji.com（トップページ）

●データファイル

- 5 教科の CSV ファイル（five_subject.csv）
- 授業評価アンケート結果の CSV ファイル（set.csv）（欠損値 NA あり，番号あり）
- 授業評価アンケート結果の CSV ファイル（set_data.csv）(欠損値 NA データ削除，番号削除）
- KMO を実行した際の CSV ファイル（kmotest.csv）
- 変数の削除の例として使用した親の接し方に関する質問回答の CSV ファイル（parents.csv）
- 「変数がすべてを決める」の例として使用した授業評価 12 項目のアンケート結果の CSV ファイル（set12.csv）(欠損値 NA なし）
- 構造方程式モデリングでモデルを定義したスクリプトファイル（models.R）

●実行例

- 2，4，5，6，8，9 章および付録 C の実行例のテキストファイル（example.zip）

索引

■Rの関数■

著者紹介

松尾　太加志（まつお・たかし）

1988 年　九州大学大学院文学研究科心理学専攻博士後期課程単位取得の上退学

現　在　北九州市立大学学長　博士（心理学）

［主著・論文］

コミュニケーションの心理学　ナカニシヤ出版　1999 年

誰も教えてくれなかった因子分析（共著）　北大路書房　2002 年

現代の認知心理学 4　注意と安全（分担執筆）　北大路書房　2011 年

シリーズ心理学と仕事 20　ICT・情報行動心理学（分担執筆）　北大路書房　2017 年

ライブラリ心理学を学ぶ 3　認知と思考の心理学（編著）　サイエンス社　2018 年

臨床事例で学ぶコミュニケーションエラーの“心理学的”対処法（編著）　メディカ
　　出版　2019 年

ヒューマンエラー防止のための外的手がかりのユーザビリティ要因　ヒューマンイ
　　ンタフェース学会論文誌，13，61-66．2011 年

ヘルプ操作コスト要因の影響の動機づけモデルに基づく検討　ヒューマンインタ
　　フェース学会論文誌，16，285-292．2014 年

数式がなくてもわかる！　Rでできる因子分析

2021 年 9 月 10 日　初版第 1 刷印刷	定価はカバーに表示
2021 年 9 月 20 日　初版第 1 刷発行	してあります。

著　者　　松尾　太加志

発行所　　㈱北大路書房

〒 603-8303　京都市北区紫野十二坊町 12-8
電　話　(075) 431-0361 ㈹
F A X　(075) 431-9393
振　替　01050-4-2083

印刷・製本　亜細亜印刷㈱　　装幀　野田和浩

ISBN 978-4-7628-3166-9　　　　Printed in Japan © 2021

誰も教えてくれなかった因子分析

数式が絶対に出てこない因子分析入門

松尾太加志, 中村知靖 (著)
A5判　192頁　　本体 2500 円＋税
ISBN978-4-7628-2251-3　　C3033

因子分析に関する初心者向けの入門書。数式を用いての説明は一切
せず結果の見方や統計パッケージを利用した分析の仕方を説明す
る。従来の類書で満たされなかった不完全な知識の補填を図り，
「わかる」感覚がもてる書。

はじめてのR
ごく初歩の操作から統計解析の導入まで

村井潤一郎（著）

A5 判　168 頁
本体 1600 円＋税
ISBN978-4-7628-2820-1
C3033

はじめて R に触れる初学者対象に，R を使って
の統計解析の最初の一歩を踏み出すための説
明をコンパクトにまとめた。

Rによる心理学研究法入門

山田剛史（編著）

A5 判　272 頁
本体 2700 円＋税
ISBN978-4-7628-2884-3
C3011

「心理学研究モデル論文集」「心理学研究入門」
「統計ソフト R の分析事例編」の３つの顔を持
つテキスト。卒論生から活用できる。

Rを使った〈全自動〉統計データ分析ガイド
フリーソフトjs-STAR_XRの手引き

田中　敏（著）

A5 判　272 頁
本体 3000 円＋税
ISBN978-4-7628-3148-5
C1033

統計分析フリーソフト js-STAR の最新版
「XR」の使用法を懇切にガイド。統計手法を
知らなくても統計分析ができる画期的な本。

M-plusとRによる構造方程式
モデリング入門

小杉考司,
清水裕士（編著）

A5 判　332 頁
本体 2500 円＋税
ISBN978-4-7628-2825-6
C3033

M-plus と R による多変量解析の手順について，
両ソフトの操作性の違いを比較しながらまと
めたエンドユーザーのための入門書。